新型三重态光敏剂的合成与应用

马 洁 著

黑龍江大學出版社
HEILONGJIANG UNIVERSITY PRESS
哈尔滨

图书在版编目（CIP）数据

新型三重态光敏剂的合成与应用 / 马洁著 . -- 哈尔滨：黑龙江大学出版社，2023.8
ISBN 978-7-5686-1023-0

Ⅰ . ①新… Ⅱ . ①马… Ⅲ . ①光敏胶粘剂—合成—研究 Ⅳ . ① TQ436

中国国家版本馆 CIP 数据核字（2023）第 170078 号

新型三重态光敏剂的合成与应用
XINXING SANCHONGTAI GUANGMINJI DE HECHENG YU YINGYONG
马洁 著

责任编辑 高　媛
出版发行　黑龙江大学出版社
地　　址　哈尔滨市南岗区学府三道街 36 号
印　　刷　天津创先河普业印刷有限公司
开　　本　720 毫米 ×1000 毫米　1/16
印　　张　13
字　　数　221 千
版　　次　2023 年 8 月第 1 版
印　　次　2023 年 8 月第 1 次印刷
书　　号　ISBN 978-7-5686-1023-0
定　　价　52.00 元

本书如有印装错误请与本社联系更换，联系电话：0451-86608666。

前　　言

有机三重态光敏剂被广泛地应用于光催化、三重态-三重态湮灭上转换、光动力治疗等领域而备受关注。然而现有的有机三重态光敏剂还存在一定缺陷：只存在单一吸光团，对宽谱带光源利用率低，三重态性质不可调控，以及获得三重态的途径存在一定局限性等。因此，设计并合成具有强可见光吸收、可调控的三重态光敏剂还存在较大研究空间。针对以上问题，本书利用不同的有机荧光团合成了四个系列的三重态光敏剂，通过稳态和瞬态光谱以及密度泛函理论计算等，对其光物理性质进行了详细的研究，并应用到光催化、光动力治疗以及三重态-三重态湮灭上转换等领域。

为解决传统三重态光敏剂对宽谱带光源利用率低这一问题，本书以具有强可见光吸收的罗丹明为能量给体、苯乙烯基 2,6-二碘代氟硼吡咯（氟硼吡咯）作为能量受体（自旋转换单元），设计合成了具有分子内共振能量转移、宽谱带吸收特性的三重态光敏剂，在可见光区不同波长处均具有强的宽谱带可见光吸收。稳态和瞬态吸收光谱的研究表明，激发能量给体部分发生由罗丹明到氟硼吡咯单元的单重态能量转移，经系间穿越到达氟硼吡咯的三重态。将三重态光敏剂成功应用到光催化有机反应中，合成吡咯并异喹啉类化合物，并将其应用到体外细胞光动力治疗领域，能高效杀死癌细胞。

此外，以二噻吩乙烯为光调控开关，2,6-二碘代氟硼吡咯为三重态敏化单元，设计合成了光调控的有机三重态光敏剂，利用双碘代氟硼吡咯的系间穿越和氟硼吡咯与闭环体发生的单重态能量转移之间的竞争关系，实现对三重态的光调控。在紫外光照射下生成闭环体，可见光照射下发生开环反应，通过瞬态吸收光谱测试以及密度泛函理论计算，证明开环体及闭环体的三重态均位于 2,

6-二碘代氟硼吡咯,并将这一性质应用到光氧化和光调控的可逆三重态-三重态湮灭上转换中,在紫外光和可见光的照射下具有很好的可逆性。

为实现三重态的多样化,利用激发态分子内质子转移过程能够有效产生三重态这一性质,通过炔键的共轭方式将1,8-萘酰亚胺与2-(2-羟基苯基)苯并噻唑连接,得到不含重原子的三重态光敏剂。在瞬态吸收光谱中,观察到了顺式酮式三重态激发态和反式酮式结构两种瞬态物种。此外通过炔键的共轭和"点击"反应柔性链连接两种方式,将1,8-萘酰亚胺与2-(2-羟基苯基)苯并噻唑进行连接,获得了新型激发态分子内质子转移类染料。

本书通过不同的调控机制,分别获得三类不同的三重态光敏剂,进一步丰富了光敏剂的研究范畴。本书的出版获得国家自然科学基金青年基金项目"基于激发态分子内质子转移的三重态光敏剂的研究"21801146资助。

全书共分5章,共计22.1万字,由齐齐哈尔大学马洁所著。

本书可供应用化学等相关专业本科生、研究生选读,也可供有关专业教师与科技工作者参考。

笔者编写本书的初衷是将近几年从事三重态光敏剂的研究所取得的一些研究结果与各位同人分享,由于笔者水平有限,书中错误和不妥之处在所难免,敬请广大读者批评指正。

马洁

2023 年 8 月

目　　录

1 绪论

随着 21 世纪"光子世纪"的到来,与光化学相关的科学研究越来越受到广泛的重视。光化学作为一门新兴学科,其发展还不到一个世纪,但是地球上的光化学反应却已进行了几十亿年,人们对它的认识仍然处在初级阶段。人类经过对自然界中的光化学过程的研究,虽然也有较多认识,但还未达到充分了解的阶段。

光化学学科作为化学和物理学的交叉学科,自从 20 世纪 60 年代形成以来,其发展一直十分迅速。现代光化学技术不仅仅局限于化学和物理领域,它正逐步地向能源、材料、生物、环境等领域渗透,并正在形成诸如生物光化学、光电化学、光催化和光功能材料等新兴的学科。

光化学与化学其他分支学科相比,重要特征在于光化学涉及分子的激发态,即研究化学变化与辐射之间的关系。其中,光化学中一个重要的研究内容——三重态及三重态光敏剂,已经被广泛地应用到发光材料、光解水制氢、染料敏化太阳能电池等领域,但新型三重态光敏剂分子的开发仍然处于初级阶段。本书在以往三重态光敏剂的研究基础之上,设计合成了一系列新型的有机三重态光敏剂并进行了应用研究。

1.1 三重态及三重态光敏剂

分子受到光激发,会吸收光子的能量,分子内的电子发生跃迁,从而导致分子中的电子在轨道中的分布发生变化,即分子由基态转变成为激发态。在跃迁过程中不发生电子自旋方向的变化,这时分子处于单重态(singlet state);若电子自旋方向改变,分子便有两个自旋不配对的电子,此时分子处于三重态

（triplet state），通常三重态的能量低于单重态。

为了更好地解释三重态及其产生，我们通过雅布隆斯基图（图1.1）来解释：分子受光激发后，通常到达分子单重态，用S表示；由于分子所吸收光子能量大小的不同，可形成S_1及更高阶激发态，如S_2、S_3等，处于高阶激发态分子能够以很快的速度（约10^{-13} s）发生非辐射跃迁到S_1，此时自旋多重性不发生改变，称为内转换（IC）；根据卡莎规则，一切重要的光化学和光物理过程都是由最低激发单重态（S_1）或最低激发三重态（T_1）开始的。例如：荧光的产生，即S_1到S_0的辐射跃迁（τ为$10^{-10} \sim 10^{-7}$ s）或单重态电子转移等。

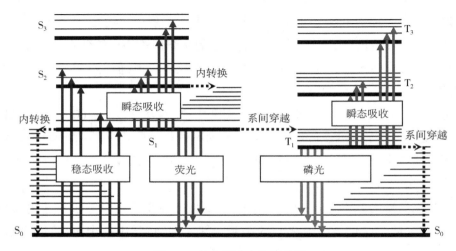

图1.1 简化的雅布隆斯基图

分子三重态的产生有赖于另一种非辐射跃迁的过程，即当分子的S_1能级与T_n（$n \geqslant 1$）能级相近时，发生旋轨耦合作用而实现系间穿越（intersystem crossing，ISC）。分子中存在重原子效应或$n \rightarrow \pi^*$跃迁时有利于系间穿越的发生。同样，系间穿越会使分子到达高阶的三重态，也会通过内转换回到最低激发三重态（T_1）。根据卡莎规则，由T_1会产生一系列重要的光物理过程，例如由T_1到T_0的辐射跃迁产生磷光、三重态能量转移、电子转移等。处于三重态的分子回到基态是一个禁阻跃迁，激发态和基态的电子自旋相反，因此该激发态的寿命较长（一般为$10^{-6} \sim 1$ s）。

三重态光敏剂是指分子受到光激发后，经过一系列光物理过程到达三重态,将其能量传递给不具有系间穿越能力或系间穿越能力较弱的被敏化分子,从而实现两者之间三重态的能量传递。作为三重态光敏剂,必须具备如下条件:光敏剂的三重态能量要高于底物或受体的三重态能量;要有足够长的三重态寿命来完成能量转移;具有较高的系间穿越量子产率,以保证高的敏化效率;要具有强的可见光吸收能力,以保证光敏剂能够获得三重态的有效布居。

1.2 三重态光敏剂研究进展

系间穿越是产生三重态的必要途径,它是有机荧光团的一种非辐射跃迁途径,即 $S_1 \rightarrow T_n (n \geqslant 1)$。旋轨耦合(spin-orbital coupling,SOC),即在能量和总的角动量守恒的前提下电子所发生的自旋翻转,在系间穿越过程中起到了至关重要的作用。而原子序数较大的原子,如过渡金属元素及碘、溴等非金属元素,都可以产生较强的旋轨耦合作用,从而更容易发生系间穿越。因而三重态光敏剂根据发生系间穿越的原子的类型与机制的不同,大致可以分为过渡金属三重态光敏剂和有机三重态光敏剂。下面分别对不同类型的光敏剂加以说明。

1.2.1 过渡金属三重态光敏剂

由于过渡金属具有较强的旋轨耦合作用,所以此类化合物具有近 100% 的系间穿越效率,容易到达三重态。目前研究得较为深入系统的是钌配合物、铂配合物等。

1.2.1.1 多联吡啶钌配合物三重态光敏剂

多联吡啶钌配合物具有优良的光物理性质,被广泛应用于染料敏化太阳能电池、光催化、氧传感器及生物成像等领域。由于钌的重原子效应,此类配合物具有近 100% 的系间穿越效率,易达到三重态。多联吡啶钌配合物的发光机制一般是三重态金属到配体的电荷转移(^{3}MLCT)的发光。传统的钌配合物在可见光区吸收能力弱,三重态寿命较短,如图 1.2 中的 Ru(dmb)$_3$(1-1)三重态寿命仅为 0.87 μs,束缚其进一步应用。配体的三重态的寿命一般要长于金属到配体的电荷转移的三重态,以此为理论支持,通过对配体进行结构修饰,将芘和芘乙炔分别引入到配体中形成 1-2 和 1-3(图 1.2)。1-2 通过建立三重态与 ^{3}MLCT 之间的平衡,三重态寿命延长至 9.22 μs;1-3 获得了较低能级的 ^{3}IL 布居,该化合物三重态寿命延长到了 108 μs。但 1-2(最大吸收 450 nm 处的摩尔吸光系数为 14000 L·mol^{-1}·cm^{-1})和 1-3(最大吸收 418 nm 处的摩尔吸光系数为 38700 L·mol^{-1}·cm^{-1})的吸收波长相对较短,且吸光能力较弱。

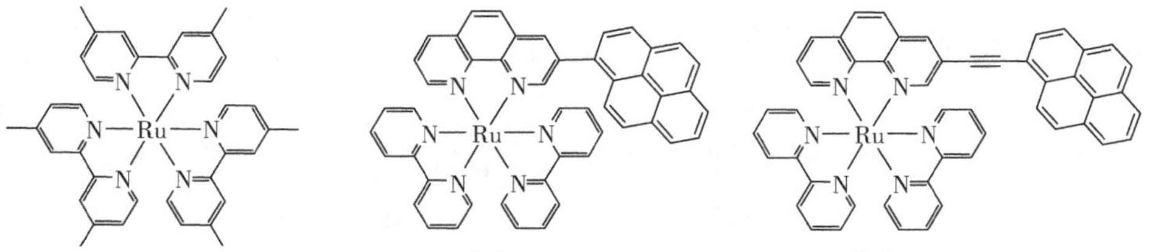

图 1.2　光敏剂 1-1~1-3 的分子结构

在配体上引入具有强可见光吸收能力的荧光团作为光吸收天线,可以大大增强钌配合物的吸光能力。Castellano 对以菲咯啉钌为母体的配合物进行了结构修饰,将香豆素引入到配体中形成 1-4(图 1.3),配合物在可见光区的吸光能力有所增强(最大吸收 453 nm 处的摩尔吸光系数为 26100 L·mol^{-1}·cm^{-1}),但由于香豆素的三重态能级明显高于 ^{3}MLCT,所以并没有有效地对 ^{3}MLCT 能级造成微扰,对三重态寿命等均未达到明显的调控效果。将萘酰亚胺引入到配体中形成 1-5(图 1.3),配合物可见光吸光能力增强(最大吸收 427 nm 处的摩尔吸光系数为 50000 L·mol^{-1}·cm^{-1}),但其 ^{3}MLCT 的发光被严重淬灭。赵建章教授课题组以能级匹配规则为指导设计合成了钌配合物 1-6(图 1.3,最大吸收 475 nm 处的摩尔吸光系数达 63300 L·mol^{-1}·cm^{-1}),通过建立 ^{3}IL 与 ^{3}MLCT 的能级平衡将三重态寿命延长至 3.8 μs。

为了进一步延长钌配合物在可见光区的吸收波长,有研究者将氟硼吡咯(摩尔吸光系数达 $7×10^4 \sim 8×10^4$ L·mol^{-1}·cm^{-1})这一在可见光区具有强吸收的荧光团引入钌配合物中。Ziessel 等人将氟硼吡咯非共轭连接到钌配合物形成 1-7(图 1.4),在 523 nm 处摩尔吸光系数为 89600 L·mol^{-1}·cm^{-1}。但由于氟硼吡咯能级较低,因而淬灭了 ^{3}MLCT 三重态的发光,也并没有观察到氟硼吡咯三重态,该分子中氟硼吡咯的强可见光吸收能力并不能有效地产生三重态。

但将氟硼吡咯的 π 共轭中心通过炔键连接到配体上进而与钌配位形成的 1-8（图 1.4），重原子效应达到最大化，摩尔吸光系数达到 65200 L·mol⁻¹·cm⁻¹，并获得了配体氟硼吡咯三重态，三重态寿命延长至 279.7 μs，并观察到了配体氟硼吡咯的室温磷光。

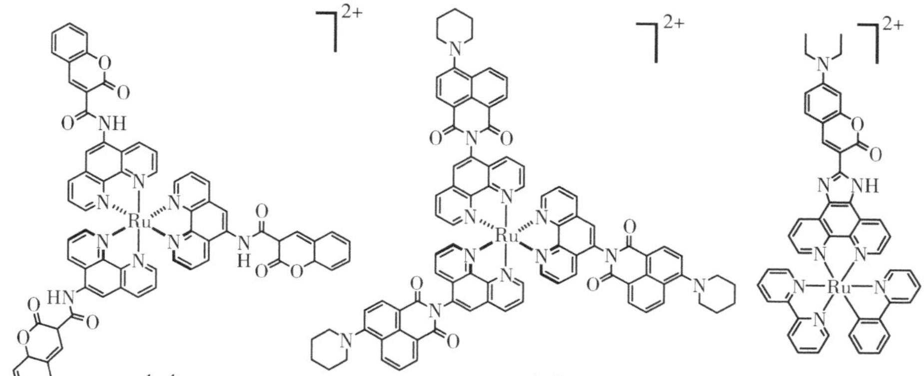

图 1.3　光敏剂 1-4～1-6 的分子结构

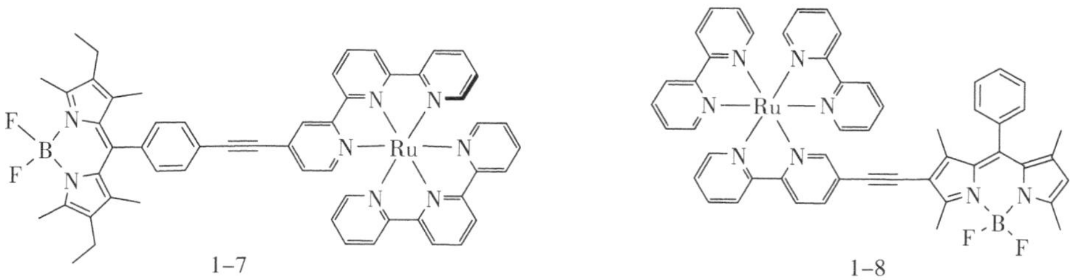

图 1.4　光敏剂 1-7 和 1-8 的分子结构

1.2.1.2　铂配合物

铂配合物是一类很重要的三重态光敏剂。传统的铂配合物 1-9（图 1.5）在可见光区吸收弱（387 nm 处摩尔吸光系数为 2071 L·mol⁻¹·cm⁻¹），且三重态寿命仅为 1.27 μs。将芘炔直接与铂配位形成的 1-10（图 1.5），在可见光区的吸收（450 nm 处摩尔吸光系数为 10300 L·mol⁻¹·cm⁻¹）与 1-9 相比明显增强，且最大吸收波长红移了接近 100 nm，三重态寿命延长至 48.5 μs，但其在可见光区的吸光能力还很弱。

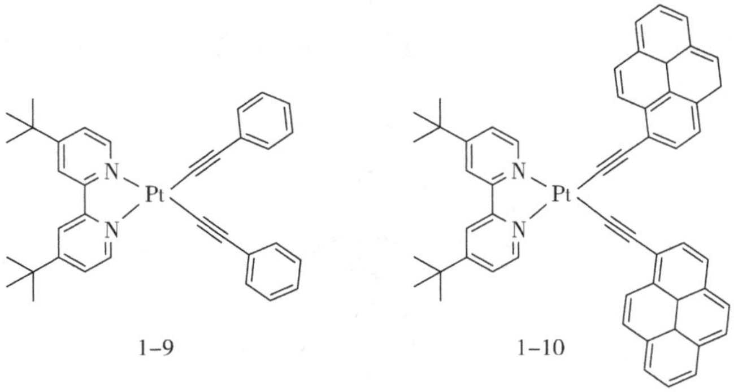

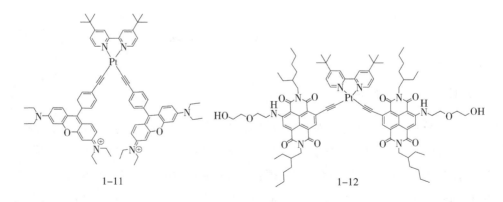

图 1.5 光敏剂 1-9 和 1-10 的分子结构

为了进一步增加铂配合物在可见光区的吸光能力以及延长三重态寿命,将荧光团直接金属化能够获得基于配体的三重态。先后有研究者报道了将罗丹明这一具有强可见光吸收能力的荧光团,通过炔键与铂配位得到了 1-11(图 1.6),在最大吸收波长 556 nm 处具有很强的可见光吸收(ε 为 185800 L·mol^{-1}·cm^{-1}),同时获得了基于配体的长寿命三重态(寿命为 83 μs)。又将萘酰二亚胺通过炔键与铂配位合成了 1-12(图 1.6),其最大吸收波长进一步延长至 583 nm 处(ε 为 31300 L·mol^{-1}·cm^{-1}),同时获得了长寿命的三重态(寿命为 22.3 μs)。

图 1.6 光敏剂 1-11 和 1-12 的分子结构

氟硼吡咯是一类在可见光区有强吸收且具有多修饰位点的荧光团,将氟硼吡咯的共轭中心分别以不同形式与铂配位,使重原子效应达最大化,通过这种方式可以有效地获得氟硼吡咯的三重态。如图 1.7 所示,1-13 是将氟硼吡咯的 2 号位(π 共轭中心)引入炔基连接到 N^N Pt 上形成的,最大吸收波长为 561 nm(ε 为 72000 $L \cdot mol^{-1} \cdot cm^{-1}$),三重态寿命延长至 37.9 μs;此外,将氟硼吡咯的共轭中心连接到含膦配体的线性铂配合物中,并以萘炔为辅助炔配体,合成了 1-14,最大吸收红移至 643 nm,获得了长寿命的三重态(三重态寿命为 72.4 μs)。新型的 N^C^N 三齿铂配合物 1-15 是将氟硼吡咯的共轭中心连接到两个铂原子中心形成的,更大程度地提高了单重态到三重态的系间穿越效率,并获得了目前最高的氟硼吡咯的室温磷光量子产率(3.5%),三重态寿命达 125.8 μs,吸收波长也延长至 574 nm(ε 为 53800 $L \cdot mol^{-1} \cdot cm^{-1}$)。

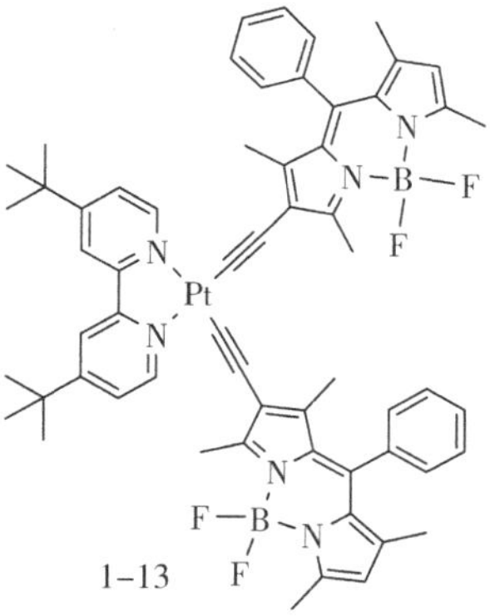

1-13

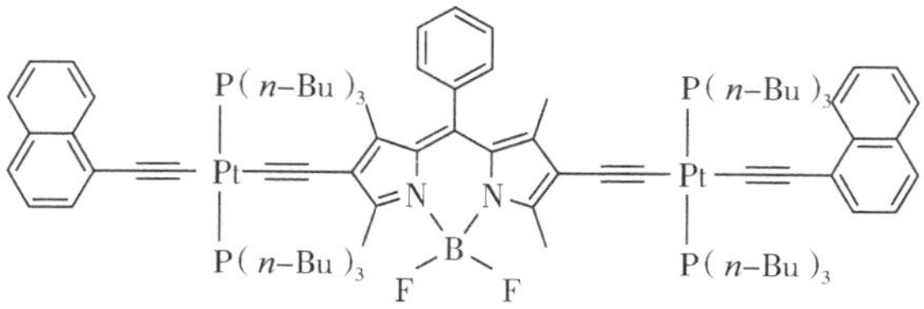

1-14

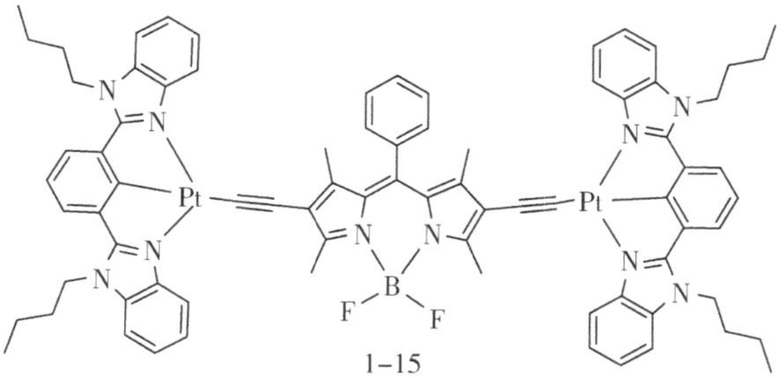

1-15

图 1.7　光敏剂 1-13~1-15 的分子结构

注:n-Bu 代表正丁基。

1.2.2　有机三重态光敏剂

1.2.2.1　含重原子的有机三重态光敏剂

　　除了过渡金属外,碘、溴等原子序数较大的原子也同样具有重原子效应,可以增大系间穿越效率。孟加拉玫瑰红(1-16,图1.8)等是被人们所熟知的传统有机三重态光敏剂,但由于在结构上难以修饰,所以难以进一步衍生化。2004年,O'Shea课题组报道了一系列溴代氮杂氟硼吡咯(1-17,图1.18),这一系列化合物在650~700 nm近红外光区具有强吸收,摩尔吸光系数高达75000~85000 $L \cdot mol^{-1} \cdot cm^{-1}$,溴原子的重原子效应促使分子在受光激发后到达三重激发态,因而具有较强的敏化单重态氧的能力。氟硼吡咯是一类具有优越光物理性质的荧光团,它具有较好的光稳定性,在可见光区有强吸收能力。2005年,Nagano等人对结构简单的氟硼吡咯的共轭中心直接碘化得到化合物1-18(图1.18),其荧光量子产率从70%(未碘代的氟硼吡咯)降低至2%,说明碘原子的重原子效应使系间穿越大大增强。通过测定,单重态氧量子产率(Φ_Δ)为传统的三重态光敏剂孟加拉玫瑰红(在甲醇中 Φ_Δ 为0.76)的1.6倍。此外,氟硼吡咯衍生化的光敏剂1-19(图1.18,539 nm处摩尔吸光系数为75400 $L \cdot mol^{-1} \cdot cm^{-1}$,三重态寿命57.2 μs)和1-20(图1.18,576 nm处摩尔吸光系数为180000 $L \cdot mol^{-1} \cdot cm^{-1}$,三重态寿命为26.9 μs)具有强的可见光吸收能力和长的三重态寿命。

| 1-16 | 1-17 | 1-18 |

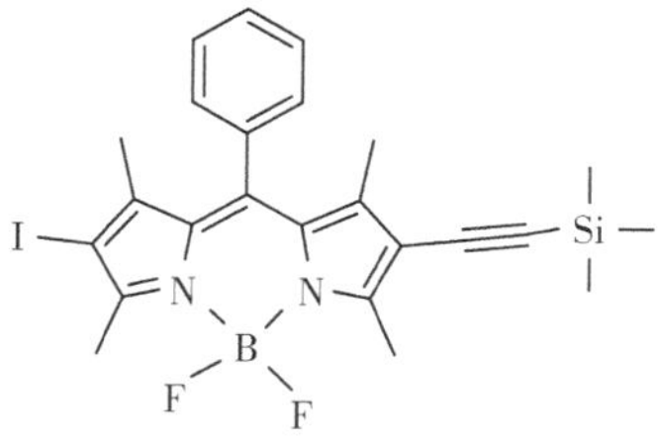

1-19 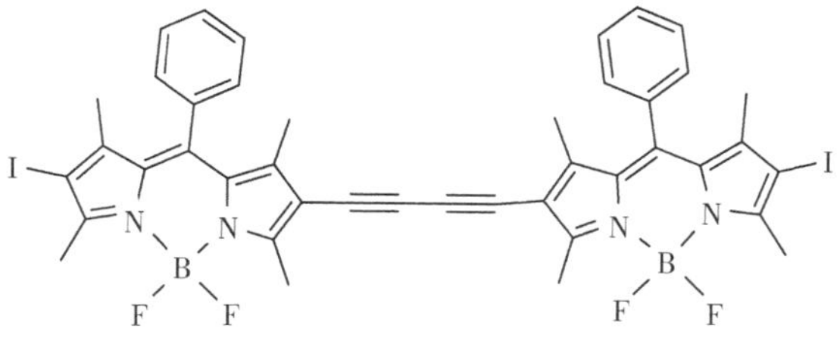　　　　　　　　　　　　　　1-20

图 1.8　光敏剂 1-16~1-20 的分子结构

注:Ar 代表芳基。

1.2.2.2　不含重原子的有机三重态光敏剂

重原子效应可以大大提高系间穿越效率,但是此类化合物存在成本高、难于修饰等缺陷,更重要的是此类化合物的三重态能级等光物理性质难以调节,因而研究开发不含重原子的有机三重态光敏剂成为热点。

研究者们对不含重原子的有机三重态光敏剂进行了一系列有价值的研究,有些荧光团如 2,3-丁二酮、萘、蒽等在不存在重原子的条件下,也可以发生系间穿越。这类化合物结构修饰困难或者经过修饰后的分子不存在系间穿越能力,很难调节光敏剂的光物理性质。在分子中引入自旋转换单元,可以很好地解决这一问题。其中,C_{60} 是一个很好的自旋转换单元,首先它具有近乎 100% 的系间穿越效率,并且具有较低的 S_1 态的能级(1.72 eV),但它极弱的可见光吸收能力(如 536 nm 处摩尔吸光系数仅为 710 $L \cdot mol^{-1} \cdot cm^{-1}$)束缚了其单独作为三重态光敏剂的使用;将具有强可见光吸收能力的吸光团作为光吸收天线(能量给体),与 C_{60} (能量受体)结合发生荧光共振单重态能量转移,由自旋转换单元发生系间穿越达到三重态就可以得到理想的三重态光敏剂。图 1.9 显示了含有自旋转换单元的分子受光激发后的光物理过程。

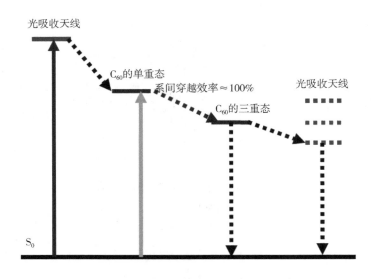

图 1.9　基于自旋转换单元的有机三重态光敏剂的光物理过程

Nishimura 课题组首先报道了不含光吸收天线 C_{60} 的一系列衍生物,这些化合物在可见光区吸收较弱,敏化单重态氧量子产率较高的 1-21(图 1.10),单重态氧量子产率为 0.64。为了解决在可见光区吸收弱这一问题,在后续的报道中会在分子中引入具有强可见光吸收能力的吸光团。例如:Ng 课题组在分子中引入了芳乙烯基氟硼吡咯,在二元化合物 1-22(图 1.10)中光吸收天线氟硼吡咯在 662 nm 处的荧光淬灭,以及通过能量转移计算的自由能,均表明存在分子内的能量转移,从瞬态吸收光谱中可以观测到三重态位于氟硼吡咯单元,即光漂白位于 620 nm 处,而没有位于 C_{60} 处。氮杂氟硼吡咯与 C_{60} 结合的二元化合物 1-23(图 1.10),吸收波长进一步红移至 640 nm 处,氮杂氟硼吡咯 S_1 态能级(1.82 eV)略高于 C_{60}(1.72 eV),并且 682 nm 处的荧光淬灭说明有可能发生从氮杂氟硼吡咯到 C_{60} 单重态的能量转移,其三重态定域于氮杂氟硼吡咯(三重态寿命为 83 μs)。虽然观察到了这些化合物三重态的产生,但都没有进行应用研究。赵建章教授课题组对含有光吸收天线 C_{60} 的一系列光敏剂进行了深入的研究,为了延长光吸收天线氟硼吡咯的吸收波长,将咔唑连接到氟硼吡咯共轭中心形成二元化合物 1-24(图 1.10),在可见光区的吸收波长延长至 597 nm,三重态位于 C_{60} 部分(三重态寿命为 24.5 μs)。进一步增加光吸收天线的吸光能力,通过三苯胺将两个氟硼吡咯与 C_{60} 连接起来形成光敏剂 1－25(图 1.18),在可见光区 539 nm 处,摩尔吸光系数高达 118800 L·mol^{-1}·cm^{-1},研究表明由氟硼吡咯到 C_{60} 分子内单重态的能量转移效率接近 100%,三重态位于 C_{60} 单元(三重态寿命 28.8 μs)。以上设计的光敏剂由于吸光团的三重态能级高于 C_{60},所以三重态最终定位于 C_{60} 部分。

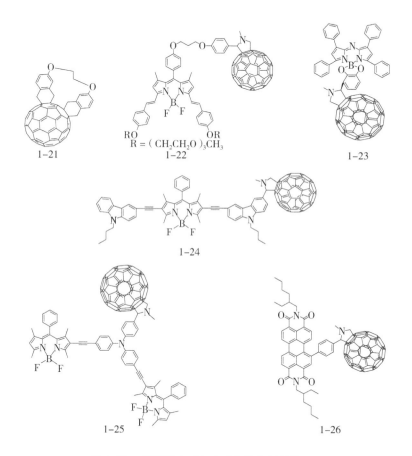

图 1.10 光敏剂 1-21~1-26 的分子结构

与上述情况不同的是,将苝二酰亚胺(PDI)与 C_{60} 结合形成的 1-26,由于苝二酰亚胺的三重态能级低于 C_{60},在苝二酰亚胺单重态能量转移到达 C_{60} 三重态后,又会发生从 C_{60} 到苝二酰亚胺的三重态能量转移。研究者观察到了有趣的"兵乓"能量转移现象,最终三重态位于苝二酰亚胺部分(三重态寿命为

105.9 μs）。

综上所述,根据能级匹配原则在过渡金属三重态光敏剂的配体上引入具有强可见光吸收能力的吸光团,或者对荧光团的共轭中心直接金属化,能够最大限度地促使荧光团达到三重态,实现配体作为光吸收天线的作用。采用以上两种方法,能够有效地增强过渡金属光敏剂的可见光吸收能力,并且延长其三重态寿命。此外,通过自旋转换单元(如 C_{60})与具有强可见光吸收能力的吸光团(光吸收天线)结合能够高效利用吸光团的吸光能力,发生能量转移并最终获得自旋转换单元的三重态。这些光敏剂吸收波长得到延长,吸光能力得到显著提高,但是由于分子中只存在单一的吸光团,吸收谱带相对较窄,因而难以更高效地利用宽谱带的光源。以上问题的解决有赖于设计出更新型的三重态光敏剂。

1.3　三重态光敏剂的应用

1.3.1　在光催化反应中的应用

20 世纪初期以来,有机光催化反应在绿色化学和合成化学方面发挥着重要的作用。与传统的热化学反应相比,一方面光催化反应利用紫外光或者可见光可以大大丰富产物的种类,另一方面反应条件温和,反应底物容易活化。过渡金属催化剂是一类常用的光催化剂,其中三联吡啶氯化钌六水合物 $\{[Ru(bpy)_3Cl_2] \cdot 6H_2O\}$ 被广泛地应用到各种催化反应中。例如:2011 年肖文精课题组报道了将其应用到氧化芳硼酸羟基化反应中(图 1.11),反应的关键步骤三联吡啶氯化钌吸收可见光到达 Ru^{II} 的激发态,然后从三乙胺中夺取电子,再将电子转移给氧分子,生成高活性的超氧阴离子自由基($O_2^{\cdot-}$)进而参与到反应中。在催化循环中催化剂三联吡啶氯化钌充当能量和电子的转换器,催化剂对可见光吸收能力及反应速率有着至关重要的作用。因此,将具有强可见光吸收的催化剂应用到光催化反应中将会具有很大的优势。

此外,三重态光敏剂作为催化剂,催化氧化 1,5-二羟基萘(DHN)生成胡桃醌的光氧化反应也同样备受关注。与上述反应相比,产生的活性中间体有所不同,光敏剂敏化氧气产生的是单重态氧($^1O_2$)。如图 1.12 所示,光敏剂吸收可见光到达单重激发态,经系间穿越到达三重激发态,然后敏化氧气产生单重态氧,参与氧化 1,5-二羟基萘生成胡桃醌的反应。

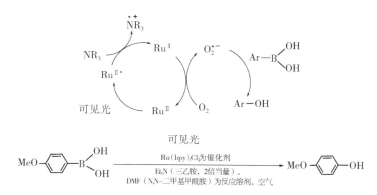

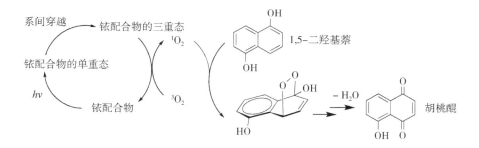

图 1.11 钌配合物催化氧化芳硼酸羟基化反应

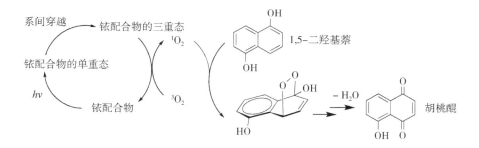

图 1.12 铱配合物作为三重态光敏剂催化氧化 1,5-二羟基萘

光敏剂的强可见光吸收能力促使光敏剂更加有效地到达三重态,长寿命的三重态可以确保光敏剂更加充分地与氧分子发生能量传递,将氧分子敏化为高活性的单重态氧。基于以上特点,将一系列具有强可见光吸收、长寿命的三重态光敏剂,如过渡金属配合物 1-27、C_{60}-氟硼吡咯的二元化合物 1-28 等应用到该反应中,均得到了远超过传统铱配合物的敏化效果,如图 1.13 所示。

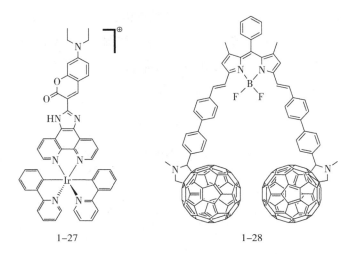

图 1.13 光敏剂 1-27 和 1-28 的分子结构

在光催化有机反应中,常用的催化剂还存在着成本高、可见光的吸收能力较弱、难于修饰等缺陷。赵建章教授课题组将 1-29 和 1-30(图 1.14)应用到苄胺的氧化偶联反应和萘酚的氧化反应中,在室温条件下利用空气中的氧气,在可见光照射下得到了催化产物,产率为 60%~100%,并将此类有机光敏剂成功应用到光催化领域。C_{60} 是一个较好的电子受体,很容易从反应底物中得到电子;氟硼吡咯具有强可见光的吸收能力,因而设计合成二者的杂化体 1-31 和 1-32(图 1.14),将其应用到氧化/[3+2] 环加成反应中,反应的收率达 70%~95%。

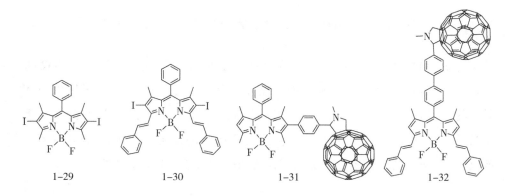

图 1.14 光敏剂 1-29~1-32 的分子结构

1.3.2 在光动力治疗中的应用

光动力治疗(photodynamic therapy)作为一种新的杀死癌细胞的疗法,近年来在临床上被广泛地应用于治疗皮肤癌等疾病,并得到了较好的疗效。在光敏剂和特定的光照共同作用下,将氧气敏化成单重态氧($^1O_2$),单重态氧具有较高的活性,能够杀死癌细胞。现已应用于临床的光敏剂仍存在着在人体的光学窗口(650~900 nm)吸收弱、代谢速度缓慢等缺点。因此,设计在人体的光学窗口具有强吸收、较高的系间穿越效率和单重态氧量子产率、较低的暗毒性的光敏剂成为研究的热点。

卟啉类和酞菁类化合物在近红外光区存在吸收,常常被用来作为光动力治疗的光敏剂。2012 年 Srinivasan 等人报道了卟啉衍生物 1-33(图 1.15),向分子中引入磺酸基增加其水溶性,红光照射产生单重态氧可有效地诱导八种癌细胞凋亡。在同一时期,Ng 课题组报道了酞菁-环氧铂二元化合物 1-34(图 1.15)定位于细胞的溶酶体中。该物质同时具有光动力治疗和化学疗法双重功效,酞菁部分受红光照射(波长大于 610 nm)将氧气敏化,产生单重态氧,可以进行光动力治疗,环氧铂部分则进入细胞,摧毁细胞核以杀死细胞(化学疗法),两者的结合使杀死癌细胞的效率比传统的酞菁高出 5 倍,是一种化学疗法和光动力治疗相结合的新思路。

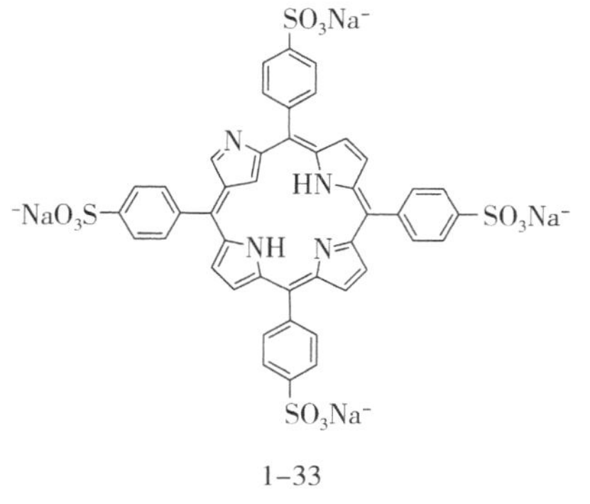

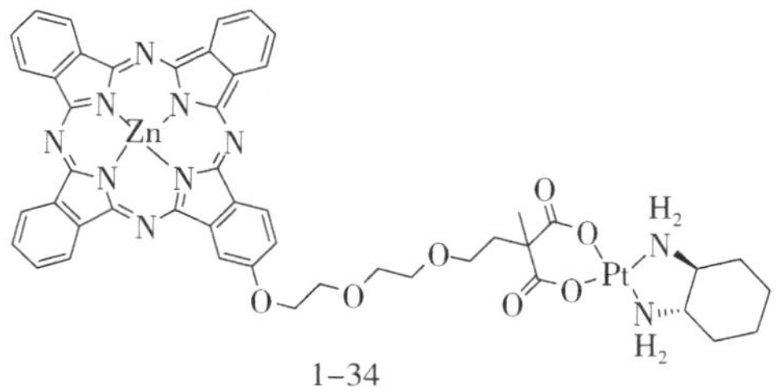

图 1.15　应用于光动力治疗的三重态光敏剂 1-33 和 1-34 的分子结构

可见光穿透组织能力较弱,一直以来束缚了一些光敏剂在光动力治疗领域的应用。为了解决这一问题,2014年天津大学常津教授将部花青-540包裹在近红外光的上转换纳米粒子中,在980 nm的近红外光激发下得到可见光,实现波长由近红外光到可见光的转化,然后在上转换产生的可见光作用下,部花青-540敏化氧气产生单重态氧杀死癌细胞,如图1.16所示。

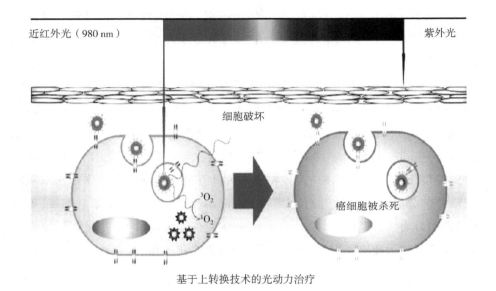

图1.16　近红外光-可见光上转换纳米粒子在光动力治疗中的应用

2014年,南京大学鞠熀先教授设计合成了化合物1-35(图1.17),与纳米粒子结合选择性进入癌细胞的溶酶体。该化合物在酸性(pH=5.0)环境中由于光诱导电子转移效应被抑制(Φ_Δ为0.69),因而能有效地敏化氧气产生单重态氧杀死癌细胞。而在正常细胞中,单重态氧量子产率仅为0.06(pH=7.4),实现了选择性地杀死癌细胞的光动力治疗效果。

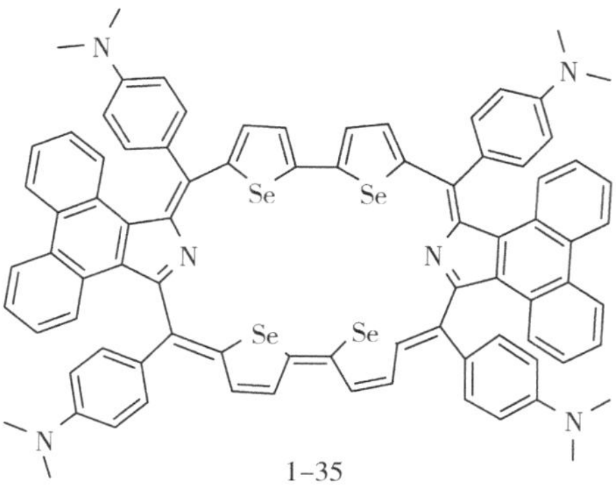

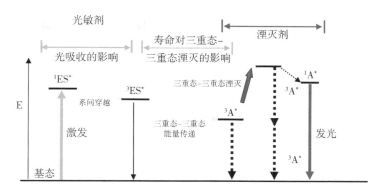

1-35

图 1.17　光敏剂 1-35 的分子结构

1.3.3　在三重态-三重态湮灭(TTA)上转换中的应用

1962 年,Parker 和 Hatchard 提出了三重态-三重态湮灭机制的上转换,其机制如图 1.18 所示。三重态光敏剂受到光激发后到达单重态($^1ES^*$),经过系间穿越到达三重态(^3ES),在符合能级匹配规则的前提下,处于三重态的光敏剂分子将其能量传递给受体的三重态$^3A^*$(属于 Dexter 能量转移机制,即给体分子与受体分子通过碰撞传递能量),处于三重态的受体分子达到一定浓度时,两个处于三重态的受体分子相互碰撞,从而产生一个受体的单重态($^1A^*$),而另一个受体分子则回到基态,此时处于单重态的受体发射荧光而回到基态。

图 1.18　TTA 上转换雅布隆斯基能级图

研究者致力于选择合适的三重态能量给体和受体能级,以增大反斯托克斯位移和上转换量子产率。对于三重态能量给体即三重态光敏剂的研究,在最近几年备受青睐。2004 年,Castellano 教授率先将钌配合物应用到上转换中,观察到了肉眼可见的上转换现象,此后越来越多的科学家投身于该领域的研究。

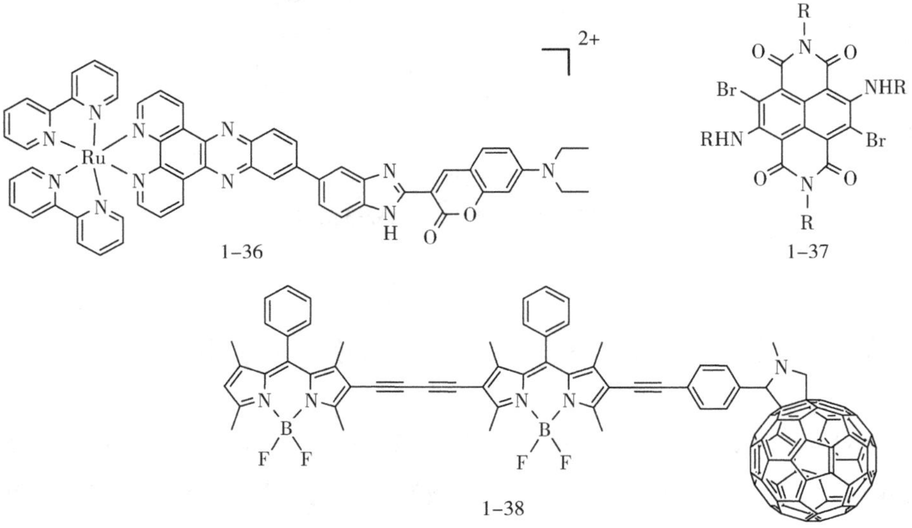

图 1.19　光敏剂 1-36~1-38 的分子结构

国内外研究者在三重态-三重态湮灭上转换领域进行了大量的有价值的研究,报道了一系列具有强可见光吸收和长三重态寿命的过渡金属配合物、有机三重态光敏剂以及不含重原子的纯有机三重态光敏剂等新型光敏剂。其代表性分子结构如图 1.19 所示,根据能级匹配规则设计光敏剂 1-36(最大吸收464 nm 处 ε 为 64400 L·mol^{-1}·cm^{-1}),其为暗态化合物,即不发磷光,并将其成功应用到三重态-三重态湮灭上转换过程中,上转换量子产率为 2.71%,提出磷光发射和三重态-三重态能量传递(triplet-triplet energy transfer, TTET)之间存在竞争,因此不发磷光或磷光很弱的化合物更有利于三重态-三重态湮灭过程,从而进一步扩充了三重态光敏剂的选择范畴。将氟硼吡咯进一步衍生化合成了基于氟硼吡咯的新型光敏剂库,并对萘酰二亚胺进行溴化,利用溴的重原子效应设计合成的光敏剂 1-37,在可见光区 526 nm 处具有较强吸收(ε 为21000 L·mol^{-1}·cm^{-1})和长的三重态寿命(51.7 μs),其上转换量子产率达16.5%。以氟硼吡咯作为光吸收天线、C$_{60}$ 为自旋转换单元的 1-38,可见光吸收红移至 590 nm,其三重态定域于 C_{60} 部分。将其应用到三重态–三重态湮灭上转换中,可作为目前具有较高上转换量子产率(7.0%)的纯有机三重态光敏剂,实现了向不含任何重原子的纯有机三重态光敏剂的过渡。然而,现有三重态光敏剂的三重态性质不可调控,导致上转换也不可调控,新型的具有可调控性的三重态光敏剂还有待于进一步研究。

1.4 荧光共振能量转移

1.4.1 荧光共振能量转移研究进展

能量转移是光化学研究中重要的研究对象之一。能量转移是指一个处于激发态的分子可将其获得的能量通过能量转移的方式传递给另一个分子而使其到达激发态,同时自身回到基态的过程。其中,共振能量转移(resonance energy transfer,RET)又称为 Förster 长程能量转移。此种机制是由 Förster 最早提出的,是指在两个不同的荧光团中,如果能量给体(donor)的发射光谱与受体(acceptor)的吸收光谱有一定的重叠,当这两个荧光团间的距离合适时(一般小于 100 Å),就能够观察到荧光能量由给体向受体转移的现象,当激发能量给体时,可观察到受体发射出的荧光,如图 1.20 所示。

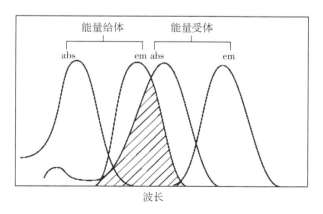

图 1.20 能量给体与受体的光谱图

注:abs 为吸收光谱;em 为发射光谱。

在太阳光谱中约 46% 为可见光资源,具有取之不尽用之不竭、绿色环保、成本低等优点。如何高效地利用太阳能一直是能源利用方面亟待解决的问题。科学家们致力于利用能量转移的机制,设计具有宽谱带吸收的分子,并对其光物理性质进行了深入、细致的研究。例如:2008 年,肖义教授报道了将三种不同结构的氟硼吡咯连接在一起,构建了一个从 300 nm 到 700 nm 宽谱带吸收的超分子化合物 1-39(图 1.21),当激发两个能量给体单元时,能量转移效率高达 99%。2012 年,Akkaya 等人将四个结构相同的氟硼吡咯分子作为能量给体(光吸收天线),连有四个苯乙烯基的氟硼吡咯分子作为能量受体,通过柔性链连接得到树枝状分子 1-40(图 1.21),激发能量给体氟硼吡咯部分,发生由氟硼吡咯到四苯乙烯基氟硼吡咯的能量转移,四苯乙烯基氟硼吡咯发射出 750 nm 的近红外光,能量转移效率高达 92%,并对其能量转移过程进行了详细的研究和探讨。

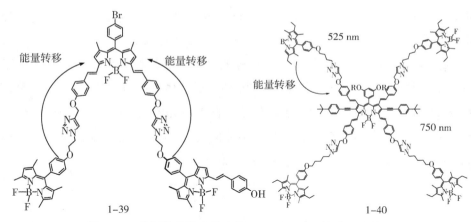

图 1.21 共振能量转移化合物 1-39 和 1-40 的分子结构

科学家们逐步致力于将能量转移分子应用到荧光探针、光动力治疗等领域。例如:2011 年,香港大学支志明教授报道了荧光量子产率为 0.23 的铱配合物作为能量给体,以二芳基偶氮染料为能量受体,以二乙烯基硫醚作为连接臂的 1-41(图 1.22),通过半胱氨酸和高半胱氨酸切断连接臂以阻断共振能量转移过程,从而发射出橙色荧光,用于检测半胱氨酸和高半胱氨酸,具有较高的灵敏度和响应速度。2012 年,彭孝军教授课题组将罗丹明 B(给体)与 Cy7-N(受体)附着在二氧化硅纳米粒子上,通过荧光共振能量转移(FRET)

设计了比率型的响应次氯酸根离子的荧光探针,并将其应用到细胞成像领域,如图 1.22 所示。

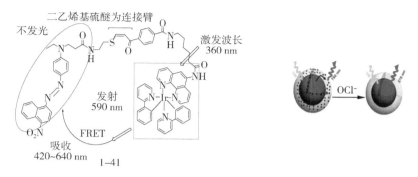

图 1.22　基于共振能量转移的荧光探针实例

在光动力治疗方面,FRET 也同样获得了较好的应用,如图 1.23 所示,1-42 以咔唑衍生物(BMVC)作为光吸收天线(给体),同时利用其堆积诱发荧光增强这一性质将更多能量传递给卟啉及其金属衍生物(受体),通过卟啉敏化产生单重态氧,应用于光动力治疗杀死癌细胞,其效率远远高于不存在共振能量转移的卟啉类化合物。

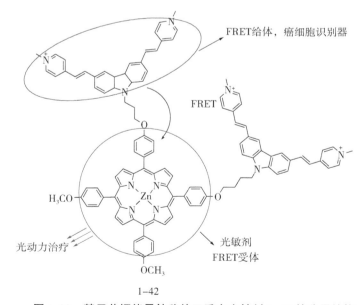

图 1.23　基于共振能量转移的三重态光敏剂 1-42 的分子结构

　　如前文所述,以 C_{60} 为自旋转换单元设计合成了一系列高效的三重态光敏剂,在三重态–三重态湮灭上转换以及光氧化反应中取得了较好的效果。虽然 C_{60} 具有较高的系间穿越效率,但 C_{60} 在可见光区的摩尔吸光系数小于 $2000\ L\cdot mol^{-1}\cdot cm^{-1}$,很难利用其构建宽谱带吸收的三重态光敏剂。为了克服这一问题,研究人员将在可见光区具有强吸收的吸光团作为能量给体,与另一个在可见光区具有强吸收且具有高系间穿越效率的吸光团作为能量受体(同时也作为自旋转换单元)连接在一起,构建了宽谱带吸收的三重态光敏剂。例如:将氟硼吡咯和 2,6–二碘代氟硼吡咯通过柔性链连接得到 1–43(图 1.24),在紫外吸收光谱中观察到了宽谱带吸收,从荧光光谱及激发光谱中观测到了高效率的单重态能量转移,从瞬态吸收光谱中观察到了氟硼吡咯和碘代氟硼吡咯"乒乓"能量转移现象,并将其应用在三重态–三重态湮灭上转换和光氧化方面,都得到了良好的效果。但这一系列化合物对可见光的吸收谱带较窄,仅仅局限在绿光区域,对可见光的利用率相对较低。为了进一步拓宽光敏剂对可见光的吸收范围,将氟硼吡咯与氮杂氟硼吡咯通过柔性链连接,合成了新型光敏剂 1–45(图 1.24),以氟硼吡咯为能量给体(504 nm 处 ε 为 165000 $L\cdot mol^{-1}\cdot cm^{-1}$),2,6–二碘代氮杂氟硼吡咯为能量受体(自旋转换单元,683 nm 处 ε 为 71000 $L\cdot mol^{-1}\cdot cm^{-1}$),能量给体和能量受体在可见光区均具有强吸收,吸收波长覆盖 450～750 nm;通过纳秒瞬态吸收光谱研究,发现三重态定域于碘代氮杂氟硼吡咯单元,并将 1–45 应用于光氧化 1,5–二羟基萘,其敏化单重态氧能力均超过具有单一吸光团的 1–44(图 1.24)。

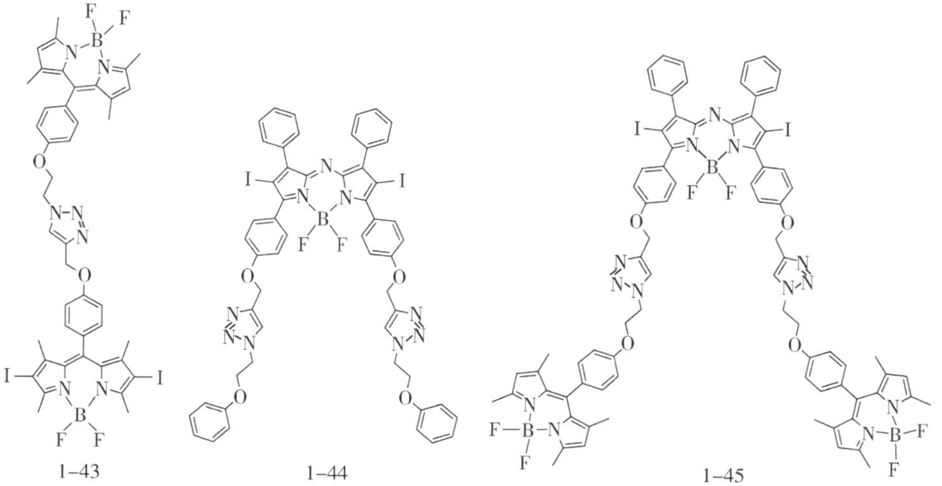

图 1.24　基于共振能量转移的三重态光敏剂 1-43~1-45 的分子结构

1.4.2　荧光共振能量转移的研究方法

具有共振能量转移的分子可以通过能量给体的荧光淬灭、飞秒瞬态吸收光谱以及激发光谱来进行研究,如 Fukuzumi 报道了以氟硼吡咯为能量给体,氮杂氟硼吡咯为能量受体的二元或三元化合物,如图 1.25 所示,分别利用能量给体的荧光淬灭以及激发光谱来说明存在单重态能量转移。与对照化合物氟硼吡咯 1-46 的荧光强度相比,当选择激发 1-47 和 1-48 分子中的能量给体氟硼吡咯部分时,1-47 和 1-48 的氮杂氟硼吡咯部分发光增强,而氟硼吡咯的荧光发生淬灭,说明存在由氟硼吡咯到氮杂氟硼吡咯的单重态能量转移。

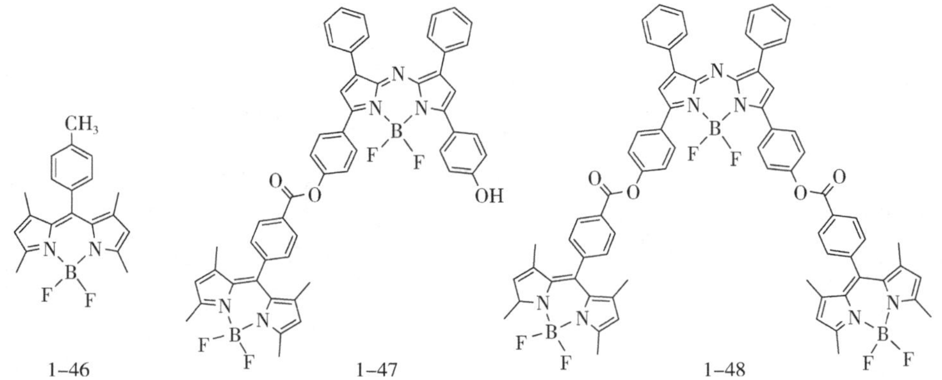

图 1.25　基于荧光共振能量转移 1-46~1-48 的分子结构

　　激发光谱能够反映物质在不同波长光激发下的发光情况,通过激发光谱与紫外吸收光谱的比较可以更进一步说明能量转移的发生。监测波长设定为能量受体氮杂氟硼吡咯最大发射峰时,测得的激发光谱中除了存在氮杂氟硼吡咯的吸收带外,同时出现了能量给体氟硼吡咯的吸收,这说明在该体系中激发能量给体氟硼吡咯部分能够有效地产生受体氮杂氟硼吡咯的发光,进一步说明存在由能量给体向能量受体的单重态能量转移。通过比较激发光谱与紫外吸收中能量给体的吸收强度可以估算出能量转移效率为 0.44。

　　通过飞秒瞬态吸收光谱能够更加直观地观测到该体系中的能量转移。激发氟硼吡咯部分,1 ps 时观测到 508 nm 处出现了氟硼吡咯的单重激发态信号;随着激发时间延长,其单重态的信号减弱,而处于 671 nm 和 820 nm 处的信号显著增强,归属为氮杂氟硼吡咯的单重激发态信号,说明激发能量给体部分能够有效地产生受体的单重态,因此,存在由氟硼吡咯到氮杂氟硼吡咯的单重态能量转移。本书中对此类光敏剂的单重态能量转移的研究,主要采用荧光淬灭、紫外吸收与激发光谱比较以及飞秒瞬态吸收光谱等方法。

1.5　光致变色材料二噻吩乙烯类化合物

　　具有良好的光致变色性能的二噻吩乙烯 1-49(dithienylethene,DTE)类化合物,是一种逐渐发展起来的有机光致变色材料,它以良好的双态稳定性、较好的抗疲劳性、分子的可调控性及优异的光致变色性能,被广泛地应用于光存储和光开关等领域,如图 1.26 所示。二噻吩乙烯开环体存在两种构型:平行(parallel)和反平行(antiparallel)。只有当二噻吩乙烯处于反平行构型时,才能发生光环化反应。在紫外光的照射下,开环体转变为闭环体,闭环体在紫外吸收光谱的长波长区域(570 nm 左右)出现新的吸收带。二噻吩乙烯光致变色反应是一个可逆过程,在可见光的照射下通过光化学反应或者通过热反应再转变为开环态。

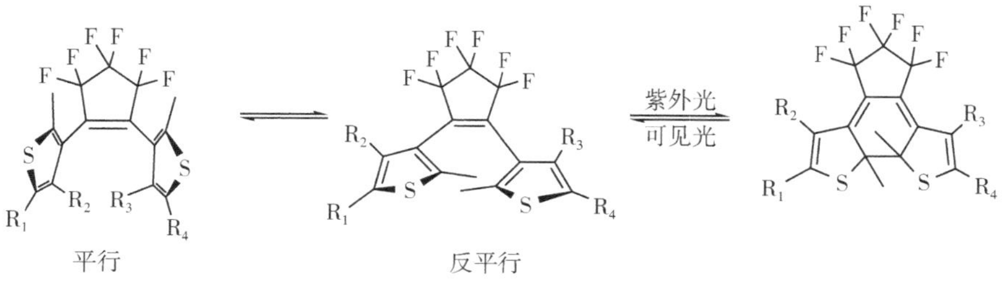

图 1.26　二噻吩乙烯(1-49)的光致变色过程

　　在以往的报道中,常常将二噻吩乙烯等光致变色基团用于调控荧光团的荧光性质,如图 1.27 所示。氟硼吡咯-二噻吩乙烯的三元化合物 1-50 是光调控的荧光开关,在紫外光照射下二噻吩乙烯发生闭环,氟硼吡咯与闭环体之间存在谱带的交叠,能够发生荧光共振能量转移,从而导致氟硼吡咯荧光淬灭;在可见光照射下,闭环体发生开环,荧光恢复,从而实现对氟硼吡咯荧光的调控。

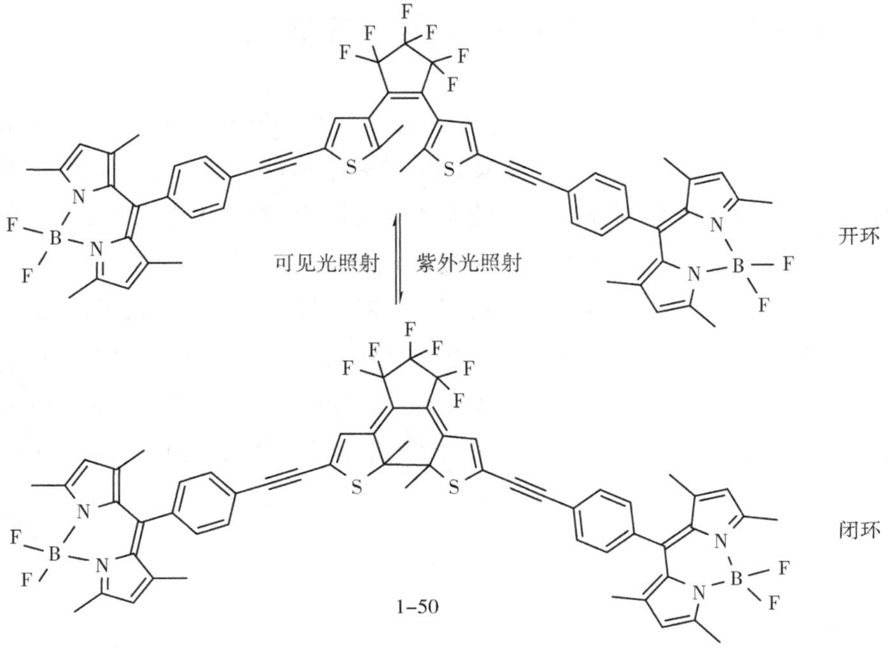

图 1.27　化合物 1-50 对荧光的调控作用

　　然而,通过二噻吩乙烯对三重态调控的研究极为少见。例如 2004 年,Cola 等人率先将二噻吩乙烯用于调控金属配合物三重态,报道了将二噻吩乙烯与三联吡啶钌或三联吡啶锇通过苯环作为连接臂连接构成的 1-51(图 1.28),并对其光物理过程进行了深入细致的研究。当选择激发三联吡啶钌部分时,经过系间穿越到达其金属到配体的电荷转移三重态,其能级高于基于配体的三重态(二噻吩乙烯部分),从而敏化二噻吩乙烯开环体(DTE-o)部分发生闭环。从纳秒瞬态吸收光谱可以看出,三重态位于二噻吩乙烯部分。锇配合物的金属到配体的电荷转移三重态能级较低,能量传递受阻,只能发生金属到配体的电荷转移单重态到配体单重态之间的能量传递,因而光环化反应不能被金属到配体的电荷转移三重态敏化。由闭环体向开环体转化时,钌和锇也表现出很大的区别,选择闭环体的吸收峰处(波长大于 600 nm)的光激发,开环反应进行较完全;但当激发锇的闭环体时,开环反应很难进行。

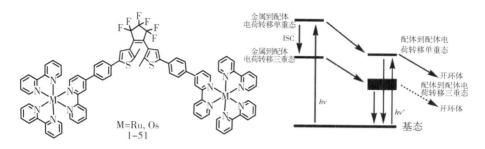

图 1.28 光致变色配合物 1-51 的结构与能级图

2011 年,香港大学任咏华教授课题组合成一系列环铂-二噻吩乙烯类化合物 1-52(图 1.29),光致变色性能得到很好的调控。研究表明,大多数铂配合物发射红色磷光,但没有对化合物的三重态进行应用研究。

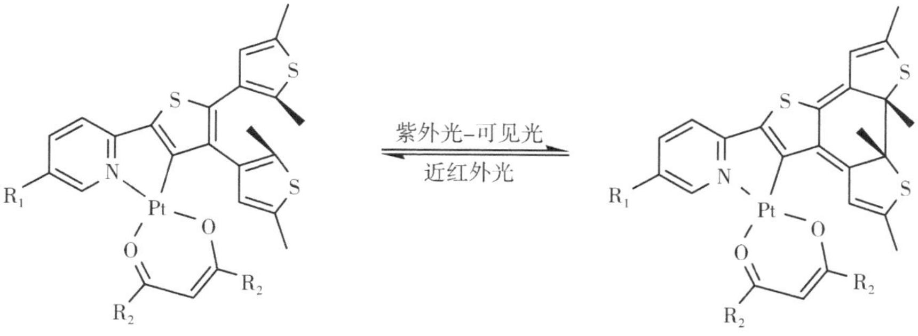

$$紫外光-可见光 \rightleftharpoons 近红外光$$

1-52

图 1.29 1-52 的光致变色过程

2014 年,Feringa 等人报道了通过二噻吩乙烯发生开环、闭环反应实现光调控淬灭卟啉三重态的研究。DTE-o 与卟啉之间无能量转移,因而卟啉具有敏化氧气产生单重态氧的能力;紫外光照射后得到 DTE-c,能够发生由卟啉到 DTE-c 的能量转移,从而淬灭卟啉三重态,其敏化单重态氧的能力显著降低,如图 1.30 所示。

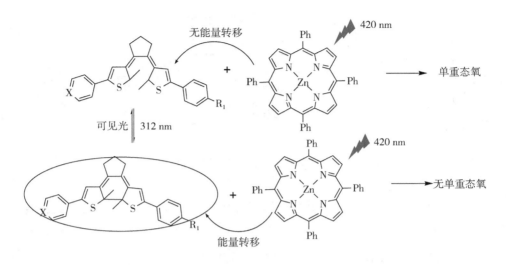

图 1.30　二噻吩乙烯作为光开关调控单重态氧的产生

1.6　激发态分子内质子转移

激发态分子内质子转移(excited state intramolecular proton transfer, ESIPT),是指在光激发下,染料分子到达激发态,处于激发态染料中的质子给体向其邻近的质子受体转移质子的反应。这类染料是一类性能优异的荧光染料,它们具有双发射性质,短波荧光为正常激发态(即烯醇式激发态, enol)辐射跃迁产生的荧光,长波荧光为互变异构体激发态(即酮式激发态, keto)辐射跃迁产生的荧光。

2-(2-羟基苯基)苯并噻唑(HBT, 1-53)是一种比较典型的激发态分子内质子转移染料(图 1.31),质子转移通常伴随四级循环反应特征即 E→$^1E^* \to {}^1K^* \to K \to E$。下面以 HBT 为例,对该类染料的光物理过程进行详细阐述。HBT 在基态时以顺式烯醇式(E)存在,在光激发下到达烯醇式单重态($^1E^*$),根据弗兰克-康登原理,此时构型是不发生变化的,处于单重态的分子发生极快的激发态分子内质子转移过程,即在激发态时发生异构化,由烯醇式转变为顺式酮式的单重态($^1K^*$),分子内氢键对其有稳定化的作用,由于激发态分子内质子转移过程的速率远远大于荧光发射,因此通常会观察到顺式酮的荧光发射,如图 1.31 所示。烯醇式和酮式存在较大的构型改变,这是此类染料具有较大斯托克斯位移的主要原因。

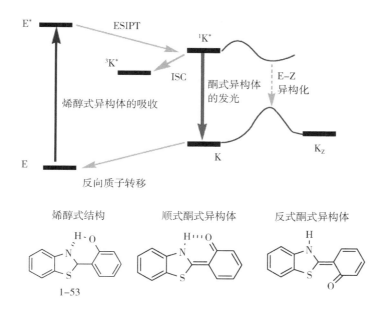

图 1.31　以化合物 1-53 为例,说明激发态分子内质子转移染料的光物理过程

　　除了酮式发光的辐射跃迁外,$^1K^*$ 还发生两种形式的非辐射跃迁,即系间穿越和异构化。$^1K^*$ 经系间穿越,到达酮式三重态($^3K^*$);或者通过异构化转变成反式酮式结构(K_Z);三重态的衰变和酮式异构化过程(需要越过能垒)都比较缓慢,达到微秒级,因此可以通过纳秒瞬态吸收光谱进行区分,其中,酮式的三重态对氧气敏感,三重态寿命在氧气中淬灭,但反式酮到顺式酮的转化不会受到氧气影响。

　　ESIPT 染料在发射光谱中主要是酮式异构体的发射,通常此类染料具有较大的斯托克斯位移,这是其最大优势,因为它们能够有效地避免荧光染料的自吸收和内滤效应,而通过化学修饰很难实现增大斯托克斯位移的目的。

ESIPT 染料被广泛地应用到荧光探针中,用以识别各种金属离子、阴离子以及有机小分子等。例如 2006 年,彭孝军教授课题组报道了识别阴离子的荧光探针 1-54 和 1-55(图 1.32),在 400~500 nm 和大于 500 nm 处分别出现烯醇式和酮式的双发射峰,当加入 F⁻ 等阴离子后长波长的发射峰消失,短波长处的增强,主要是氢键作用抑制了 ESIPT 的结果。2010 年,Pang 等人报道了含有两个苯并噁唑(HBO)与二苯胺结合的探针 1-56(图 1.32),在 Zn^{2+} 螯合作用下,位于 543 nm 处的烯醇式发射峰强度显著增加,同时还观察到了由 ESIPT 产生的位于 712 nm 处近红外光区的酮式结构的发射峰,斯托克斯位移高达 230 nm。

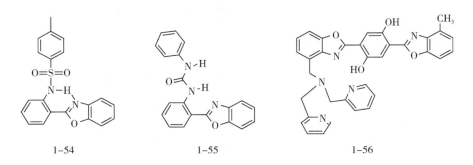

1-54   1-55   1-56

图 1.32   ESIPT 的荧光探针分子结构

2012 年,中国科技大学白如科教授报道了 1-57(图 1.33)利用钯与炔基反应后,产物具有 ESIPT 效应,比率型识别钯的荧光探针具有极高灵敏度。2013 年,Goswami 等人设计合成了探针 1-58(图 1.33),利用其与肼发生取代—环化—消除反应,得到具有 ESIPT 效应的羟基苯并噻唑,用于高选择性识别小分子肼,此类用于识别中性小分子的探针较为少见,并成功地将其应用到酵母细胞中用于检测肼。

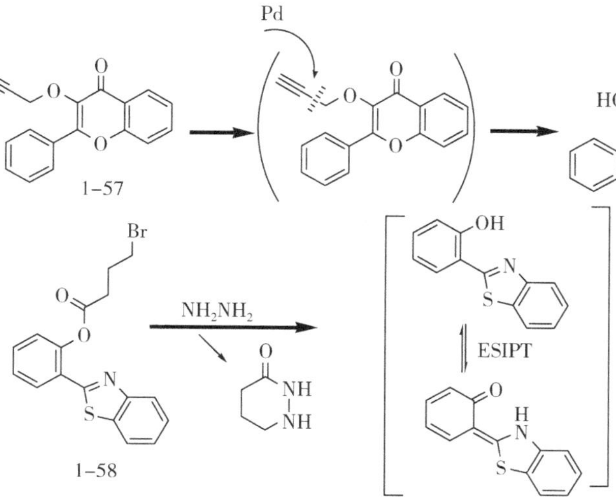

图 1.33　ESIPT 荧光探针 1–57 和 1–58 的识别机制图

ESIPT 类染料因具有双发射性质和较大的斯托克斯位移,被应用于制备白光材料。通常白光发射需要利用不同发射波长的光混合后达到一定的平衡才能实现,单一发光团是很难实现白光发射的。利用 ESIPT 双发射这一特征,2009 年,Park 课题组将两个 ESIPT 荧光团连接,得到了新型白光材料 1–59(图 1.34)。2011 年,Chen 课题组报道了一系列 ESIPT 荧光团 7–羟基–1–茚酮衍生物(1–60~1–62,图 1.34),在 C2–C3 位分别稠和苯环和萘环后,化合物 1–62 最大吸收延长至可见光区 409 nm,烯醇式和酮式结构的发射波长分别为 435 nm 和 580 nm。利用该化合物中获得了固体白光发射,其在白光有机发光二极管方面具有潜在的应用前景。

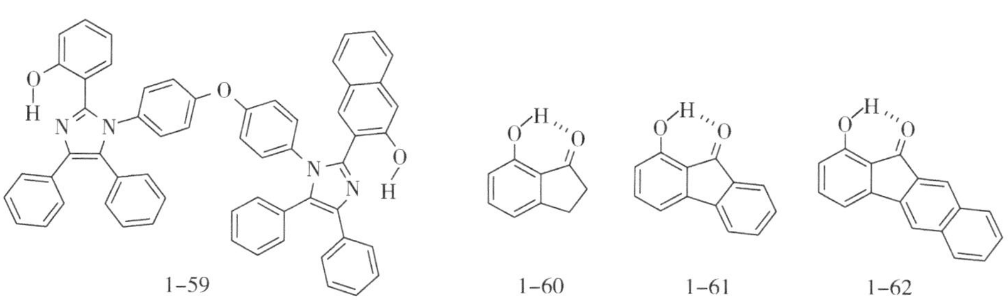

图 1.34　基于 ESIPT 的白光材料的分子结构

ESIPT染料主要局限在苯并噻唑或苯并噁唑等小分子的共轭结构，这类化合物的吸收主要集中在紫外光或者蓝光区域，新型的ESIPT荧光团鲜有报道。2004年，Park等人报道了在可见光区具有一定吸收的ESIPT染料1-63和1-64（图1.35），将苯并噁唑一侧与吸电子基团相连，分别观察到了430 nm（烯醇式）和500 nm（酮式）的双发射；由于酮式异构体中存在强的推拉电子基团，酮式结构发射峰随着溶剂极性的增加表现出明显的分子内电子转移效应，从而使酮式的发射波长进一步红移。Ziessel报道了吸收波长进一步延长的ESIPT类染料1-65和1-66（图1.35），其中1-65在530 nm处出现酮式结构发射峰。

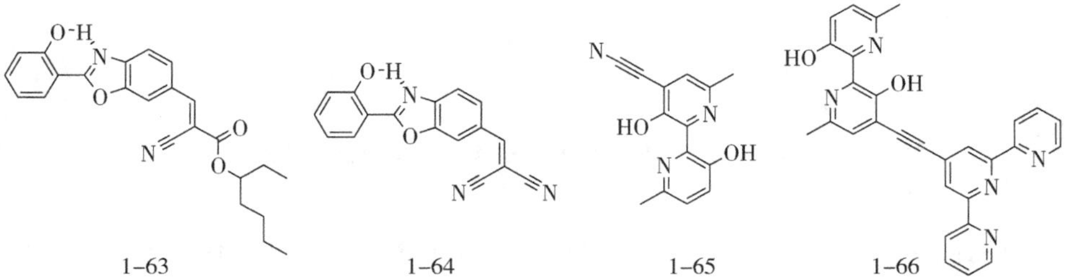

1-63　　1-64　　1-65　　1-66

图 1.35　ESIPT 化合物 1-63～1-66 的分子结构

ESIPT染料在光激发下能够产生顺式酮式异构体的三重态。2002年，Arai等人利用闪光光解技术，对苯并噻唑和苯并噁唑在激发态产生的酮式结构和三重态进行了系统的研究。在2010年，该课题组又研究了衍生的化合物1-67～1-69（图1.36），它们都存在瞬态物种的吸收，其中1-67、1-68产生了对氧气敏感的三重态信号，1-69只产生对氧气不敏感的反式酮式结构。

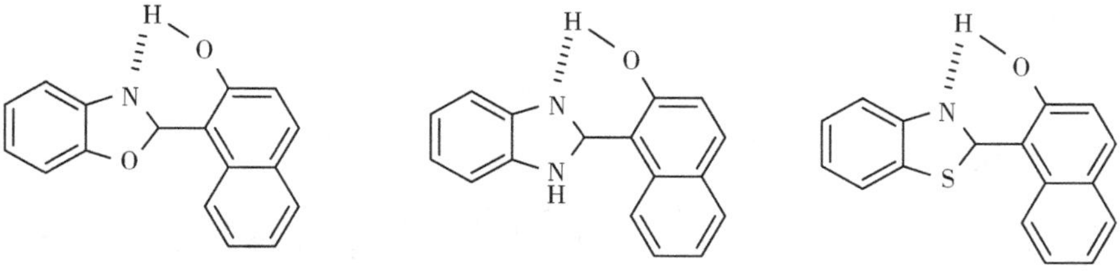

1-67　　1-68　　1-69

图 1.36　ESIPT 化合物 1-67～1-69 的分子结构

在不存在重原子的条件下，三重态的产生通常具有一定的不可预测性。如果利用 ESIPT 过程中产生顺式酮式三重态这一性质设计出不含重原子的三重态光敏剂，则具有一定研究价值。2012 年有研究者报道了将苯并噻唑或苯并噁唑通过炔键与氟硼吡咯的共轭中心连接，合成了 1-70、1-71 和 1-72（图 1.37），从中均观察到了长寿命的三重态，并将这些光敏剂成功应用到光氧化反应中，其中 1-72 的光氧化效率是传统铱配合物的 2 倍，但染料没有发生 ESIPT。

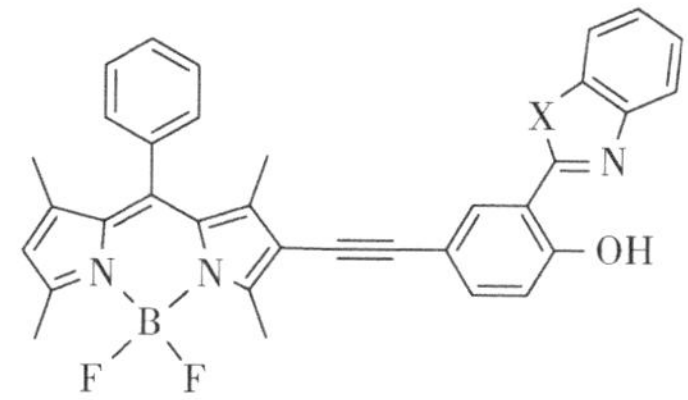

X = S, 1-70
= O, 1-71

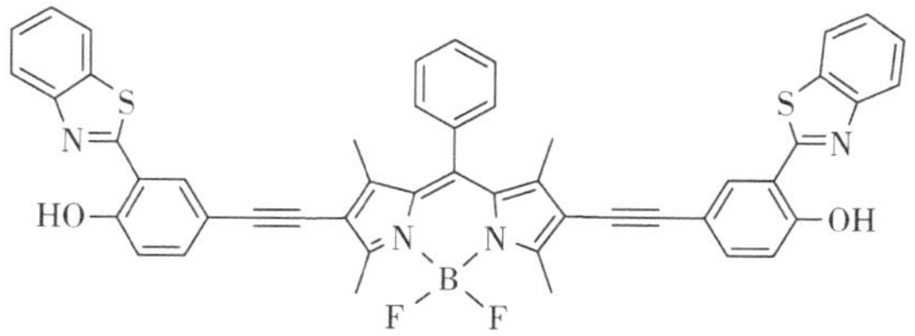

1-72

图 1.37　三重态光敏剂 1-70～1-72 的分子结构

2 具有分子内共振能量转移、宽谱带吸收的三重态光敏剂的合成与应用

传统的三重态光敏剂,如卟啉类、芳香酮类、碘代或溴代氟硼吡咯以及过渡金属类化合物虽得到了广泛应用,但也存在着价格昂贵、结构难以修饰、难于分离提纯等缺陷,而且它们在结构上存在的共同缺点是只具有单一吸光团,大大降低了对可见光的利用率。当用宽谱带的光源如太阳光作为激发光源时,其对光的吸收和利用的效率较低。因而,设计具有宽谱带吸收的有机三重态光敏剂是研究者面临的又一课题。

2.1 分子设计

基于以往文献报道,能量给体和能量受体之间的能量传递广泛用于构建共振能量转移(RET)结构的分子,并在各个方面得到了广泛的应用。但是利用RET设计具有宽谱带吸收的三重态光敏剂的报道较为少见。如果将能量转移的理论合理地运用到三重态光敏剂的设计中,二者相结合,就可以更好地克服传统的三重态光敏剂的缺点。需要指出的是,宽谱带吸收、能量转移的三重态光敏剂的构建需要满足以下条件:(1)能量给体和能量受体在可见光区均具有强吸收,可以更好地利用光源;(2)在光谱上,能量给体的发光光谱与能量受体的吸收光谱存在交叠,以保证给体与受体之间实现有效的能量转移;(3)能量受体要有足够高效的系间穿越效率,即充当自旋转换单元,三重态才能得到有效布居。

罗丹明(Rho)是一个性质优越的荧光团，在可见光区具有强吸收，且荧光量子产率高，如 R-0 最大吸收波长 556 nm 处摩尔吸光系数为 85000 L·mol⁻¹·cm⁻¹，荧光量子产率达 43%。对其发光性质研究得较为深入，但仅局限于对其单重态性质(荧光)的研究，利用罗丹明构建共振能量转移三重态光敏剂尚未见报道。通常结构的罗丹明在苯环上存在羧基官能团，在非极性溶剂中极易形成在可见光区吸收弱、不发荧光的内酯异构体。为了避免异构化现象的发生，合成了不含羧基的 R-0 作为能量给体，苯乙烯基碘代氟硼吡咯(BOD)作为能量受体。能量给体的发光光谱与受体的吸收光谱存在较大的交叠，有利于发生从罗丹明到氟硼吡咯的单重态能量转移。在苯乙烯基氟硼吡咯的共轭中心 2,6 位引入碘原子，使能量受体的系间穿越效率最大化，使其在共振能量转移体系中能够作为自旋转换单元。两部分利用"点击"反应柔性链连接起来，避免了能量给体与能量受体间的电子相互作用。

基于以上分析，将宽谱带吸收光敏剂受光激发后的光物理过程进行总结，如图 2.1 所示。分子中由于存在罗丹明和苯乙烯基 2,6-二碘代氟硼吡咯两个吸光团，在光激发下同时发生跃迁，产生两个不同波长处的吸收带，从而实现宽谱带吸收。由于罗丹明的 S_1 态能级高于氟硼吡咯的 S_1 态能级，因此可发生由罗丹明到氟硼吡咯的能量转移，氟硼吡咯充当自旋转换单元，经系间穿越到达三重激发态，从而构建了具有分子内共振能量转移且同时具有宽谱带吸收的有机三重态光敏剂。

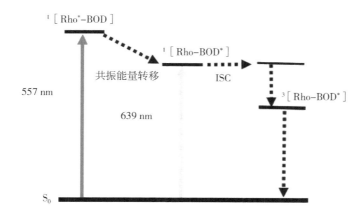

图 2.1 宽谱带吸收光敏剂光物理过程的雅布隆斯基图

2.2 中间体、R-1 和 R-2 的合成

2.2.1 表征手段与测试仪器

试验中所用有机溶剂均为市售的分析纯试剂,除乙醚和四氢呋喃在使用前蒸馏处理外,其他均直接使用。合成反应过程中所用试剂未经进一步纯化处理;柱色谱以 200~300 目硅胶粉作为固定相;无水反应中所用的有机溶剂采用活化的 4 Å 分子筛预先除水,无氧操作使用的惰性气体——氩气的纯度为99.999%。光谱测试中所用溶剂,如二氯甲烷等均为色谱纯,测试中的除氧操作所使用的惰性气体——氮气的纯度为 99.999%。光氧化及光催化反应中均使用聚焦的 35 W 氙灯作为照射源,并结合紫外/可见分光光度仪进行检测,通过太阳光能检测器来测量氙灯的光功率密度,滤光所用的亚硝酸钠为市售分析纯。

2.2.2 反应中间体、R-1 和 R-2 的合成步骤

2.2.2.1 中间体 1 的合成

将 4-羟基苯甲醛(2.44 g)和碳酸钾(5.52 g)溶于无水乙醇中,然后加热至70 ℃,反应 30 分钟。冷却至室温,向体系中注入 1,2-二溴乙烷(7.51 g),加热回流 6 小时。减压除去溶剂,得到黄色固体,将固体溶解在二氯甲烷中,无水硫酸钠干燥,过滤,减压除去溶剂。粗产品经硅胶柱层析(展开剂为二氯甲烷:石油醚 = 1:2,体积比),得到白色固体 2.5 g,产率为 60.0%。^{1}H-NMR(400 MHz,CDCl$_3$):9.90(s,1H),7.86(d,2H,J = 8.4 Hz),7.03(d,2H,J = 8.4 Hz),4.38(t,2H,J = 6.0 Hz),3.67(t,2H,J = 6.0 Hz)。

2.2.2.2 中间体 2 的合成

将化合物 1(2.50 g)、叠氮化钠(0.90 g)溶解在 5 mL DMF 中,在氩气保护下,加热至 100 ℃反应 2 小时。反应液冷却至室温,反应液多次水洗,干燥,过滤,减压除去溶剂,得到黄色油状物,产率 80.4%。^{1}H-NMR(400 MHz,CDCl$_3$):

9.89(s,1H),7.86(d,2H,$J=8.4$ Hz),7.04(d,2H,$J=8.8$ Hz),4.23(t,2H,$J=4.8$ Hz),3.65(t,2H,$J=4.8$ Hz)。

2.2.2.3 中间体 3 的合成

将 4-羟基苯甲醛(2.44 g)、3-溴-1-丙炔(3.57 g)和碳酸钾(5.52 g)溶于 40 mL DMF 中,加热回流 6 小时,冷却后将反应液缓慢倒入冰水中,抽滤,将固体溶解在二氯甲烷中,无水硫酸钠干燥,过滤,减压蒸馏除去溶剂,经硅胶柱层析(展开剂为二氯甲烷),得到白色固体 2.04 g,产率 63.8%。^{1}H-NMR (400 MHz,CDCl$_3$):9.91(s,1H),7.88~7.85(m,2H),7.12~7.08(m,2H),4.79(s,2H),2.58(s,1H)。

2.2.2.4 中间体 4 的合成

在氩气保护下,向中间体 3(1.60 g)的干燥二氯甲烷中注入 2,4-二甲基吡咯(1.88 g),然后注入三氟乙酸(0.1 mL),室温搅拌 12 小时。将二氯二氰基苯醌(1.135 g)的二氯甲烷溶液加入到反应体系中,反应 7 小时后,在冰浴下滴加三乙胺(10 mL),反应 30 分钟后,注入 10 mL 三氟化硼乙醚,反应液继续搅拌 1 小时。反应结束后,旋干溶剂,加入 200 mL 水搅拌 24 小时,二氯甲烷萃取,合并有机层,无水硫酸钠干燥,旋干溶剂,经硅胶柱层析(展开剂为二氯甲烷:石油醚=1:1,体积比)分离,得到橙色固体 600 mg,产率 16.0%。^{1}H-NMR (400 MHz,CDCl$_3$):7.21(d,2 H,$J=8.0$ Hz),7.10(d,2H,$J=8.0$ Hz),5.98(s,2H),4.76(s,2H),2.55(s,7H),1.42(s,6H)。

2.2.2.5 中间体 5 的合成

中间体 4(250 mg)和 N-碘代丁二酰亚胺(NIS,468 mg)溶解在干燥的 50 mL 二氯甲烷中,室温搅拌,薄层色谱法监测反应完全,旋干溶剂,粗产品进行硅胶柱层析,展开剂为二氯甲烷:石油醚=1:2(体积比),得到红色固体 300 mg,产率 62.0%。熔点 > 250 ℃,^{1}H-NMR(400 MHz,CDCl$_3$):7.18~7.11(m,4 H),4.78(s,2H),2.46(s,6H),2.57(s,1H),1.44(s,6H);高分辨质谱:m/z ([C$_{22}$H$_{19}$BF$_2$I$_2$N$_2$O]$^+$)理论值 629.9648,实测值 629.9628。

2.2.2.6 中间体 6 的合成

在氩气保护下,将中间体 5(90.0 mg)、苯甲醛(60.0 mg)、0.1 mL 乙酸和

0.1 mL 哌啶溶解在 5 mL DMF 中,搅拌 1 分钟后,150 ℃微波反应 5 分钟。反应液多次水洗、干燥,旋干溶剂,将得到的粗产品进行硅胶柱层析(展开剂为二氯甲烷:石油醚 = 1:2,体积比)分离,得到红色固体 300 mg,产率 62.0%。熔点 >250 ℃,^{1}H-NMR(400 MHz,CDCl$_3$):8.18(d,2H,J=16.4 Hz),7.73(s,1H),7.68(d,4H,J=12.4 Hz),7.43(t,4H,J=7.6 Hz),7.38~7.34(m,2H),7.22(d,3H,J=8.4 Hz),7.15(d,2H,J=8.8 Hz),4.80(s,2H),2.59(s,1H),1.51(s,6H);高分辨质谱:m/z($[C_{36}H_{27}N_2OBF_2I_2]^+$)理论值 806.0274,实测值 806.0278。

2.2.2.7 中间体 B-2 的合成

在氩气保护下,将中间体 5(90.0 mg)、4-N,N-二甲氨基苯甲醛(83.4 mg)、0.1 mL 乙酸和 0.1 mL 哌啶溶解在 5 mL DMF 中,搅拌 1 分钟后,150 ℃微波反应 5 分钟。用大量水洗,干燥,减压除去溶剂,将得到的粗产品经硅胶柱层析(展开剂为二氯甲烷:正己烷 = 1:1,体积比)分离,得到蓝黑色固体 35.0 mg,产率 32.9%,熔点 > 250 ℃,^{1}H-NMR(400 MHz,CDCl$_3$):δ 8.19(d,1H,J=16.4 Hz),7.60~7.51(m,3H),7.26(m,2H),7.20(d,2H,J=8.8 Hz),7.13(d,2H,J=8.4 Hz),4.79(s,2H),3.07(s,6H),2.68(s,3H),2.58(s,1H),1.49(s,3H),1.44(s,3H)。高分辨质谱:m/z($[C_{31}H_{28}N_3OBF_2I_2]^+$)理论值 761.0361,实测值 761.0383。

2.2.2.8 目标化合物 R-0 的合成

在氩气保护下,将中间体 2(570 mg)、3-二乙氨基苯酚(990 mg)、对甲苯磺酸(78 mg)和乙酸(15 mL)的混合物在 70 ℃下反应 7 小时后,反应液冷却至室温,用 10% NaOH 水溶液调节体系的 pH 值至 6~7,产生大量沉淀,抽滤,将滤饼溶解在 30 mL 二氯甲烷中,加入四氯苯醌(366 mg),反应 2 小时,旋干溶剂,经硅胶柱层析(展开剂为二氯甲烷:甲醇 = 20:1,体积比)分离,得到紫红色固体 500 mg,产率为 34.5%。^{1}H-NMR(400 MHz,CDCl$_3$):δ 7.45(d,2H,J=9.6 Hz),7.36(d,2H,J=8.4 Hz),7.21(d,2H,J=8.4 Hz),6.94~6.91(m,2H),6.78(s,2H),4.33(t,2H,J=4.8 Hz),3.71(t,2H,J=4.8 Hz),3.67~3.61(m,8H),1.32(t,12H,J=6.8 Hz)。^{13}C-NMR(100 MHz,CDCl$_3$):159.95,157.83,157.30,155.23,132.11,131.24,124.04,115.08,114.19,113.96,113.14,96.24,67.39,

50.05,46.01,12.55。高分辨质谱:m/z($[C_{29}H_{34}N_5O_2]^+$)理论值484.2707,实测值484.2705。

2.2.2.9　目标化合物 R-1 的合成

在氩气保护下,将 R-0(24.2 mg)和中间体 6(32.0 mg)溶解在 $CHCl_3$:EtOH:H_2O 体积比为 12:1:1 的混合溶剂中,分别加入 $CuSO_4 \cdot 5H_2O$(7.5 mg)和抗坏血酸钠(12.0 mg),室温搅拌24小时。反应混合液用饱和的氯化钠溶液洗涤,二氯甲烷萃取。合并有机相,干燥,减压除去溶剂。粗产品经硅胶柱层析(展开剂为氯仿:甲醇=8:1,体积比),得到紫色固体32.0 mg,产率为 49.6%。^1H-NMR(400 MHz,$CDCl_3$):δ 8.41(s,1H),8.14(d,2H,$J=$16.4 Hz),7.70(s,1H),7.66(d,4H,$J=6.8$ Hz),7.52~7.47(m,2H),7.44~7.41(m,4H),7.35(d,4H,$J=8.4$ Hz),7.23(s,3H),7.19~7.13(m,4H),6.96(s,2H),6.76(s,2H),5.33(s,2H),5.01(s,2H),4.72(s,2H),3.64~3.58(m,8H),1.49(s,6H),1.33(m,12H)。$^{13}C-NMR$(100 MHz,$CDCl_3$):159.99,159.56,158.03,157.61,155.41,150.34,146.31,139.46,136.64,133.42,132.45,131.56,129.47,128.89,127.70,124.33,118.84,116.09,115.45,114.14,113.34,96.39,66.96,62.03,49.76,46.14,17.75,12.74。高分辨质谱:m/z($[C_{65}H_{61}N_7O_3BF_2I_2]^+$)理论值1290.2957,实测值1290.2987。

2.2.2.10　目标化合物 R-2 的合成

在氩气保护下,将 R-0(24.2 mg)和 B-2(38.0 mg)溶解在 $CHCl_3$:EtOH:H_2O 体积比为 12:1:1 的混合溶剂中,分别加入 $CuSO_4 \cdot 5H_2O$(7.5 mg)和抗坏血酸钠(12.0 mg),室温搅拌24小时。反应混合液用饱和的氯化钠溶液洗涤,二氯甲烷萃取。合并有机相,干燥,减压除去溶剂。粗产品经硅胶柱层析(展开剂为氯仿:甲醇=8:1,体积比),得到紫色固体30.0 mg,产率为48.4%。^1H-NMR(400 MHz,$CDCl_3$):δ 8.35(s,1H),8.17(d,1H,$J=16.4$ Hz),7.56~7.46(m,6H),7.34(d,2H,$J=8.0$ Hz),7.23(d,2H,$J=7.2$ Hz),7.16~7.10(m,4H),6.96(d,2H,$J=8.0$ Hz),6.83(s,2H),6.76(s,2H),5.30(s,2H),4.99(s,2H),4.69(s,2H),3.65~3.60(m,8H),3.06(s,6H),2.65(s,

3H),1.45(s,3H),1.41(s,3H),1.33(m,12H)。¹³C−NMR(100 MHz,CDCl₃):160.05,159.37,158.09,157.65,155.45,151.47,151.26,146.68,143.36,140.33,139.00,132.41,131.60,129.51,128.94,127.55,125.08,124.36,115.95,115.49,114.18,113.39,112.38,96.43,67.02,62.07,49.95,46.21,40.34,29.81,17.87,17.10,12.80。高分辨质谱:m/z([$C_{60}H_{62}N_8O_3BF_2I_2$]$^+$)理论值1245.3062,实测值1245.3096。化合物 R0~R2 的合成路线见图2.2。

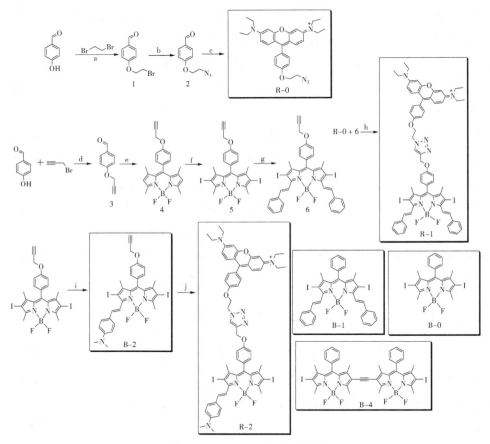

图2.2 R-0~R-2 的合成路线

注:(a)K₂CO₃,回流,6 小时;(b)NaN₃,DMF,100 ℃;(c)3-二乙氨基苯酚,70 ℃;

(d)K₂CO₃,DMF,回流,6 小时;(e)2,4-二甲基吡咯和 BF₃·Et₂O;(f)NIS,CH₂Cl₂,5 小时;

(g)苯甲醛;(h)CuSO₄·5H₂O,抗坏血酸钠,24 小时;(i)4-N,N-二甲氨基苯甲醛;

(j)CuSO₄·5H₂O,抗坏血酸钠,24 小时。

2.2.2.11 光催化底物 2a~2c 合成的步骤

室温下,将顺丁烯二酸酐(5.5 mmol)溶解在 20 mL 四氢呋喃中,再滴加到 20 mL 四氢呋喃溶解的苯胺衍生物(5 mmol)中,滴加完毕后,反应液搅拌 2 小时,大量沉淀析出。抽滤,然后将滤饼和乙酸钠(6 mmol)溶解在 20 mL 乙酸酐中,混合物 120 ℃ 微波反应 30 分钟,然后将溶液倒入 25 mL 冰水中,用饱和氢氧化钠溶液中和,产生大量沉淀,抽滤,所得固体溶解在二氯甲烷中,干燥浓缩得到粗产品,以二氯甲烷为展开剂进行柱层析,得到白色固体。2a ^{1}H-NMR(400 MHz,CDCl$_3$):δ 7.49(t,2H,J = 8.0 Hz),7.44~7.39(m,3H),6.85(s,2H)。2b ^{1}H-NMR(400 MHz,CDCl$_3$):δ 7.61(d,2H,J = 8.8 Hz),7.26(t,2H,J = 8.4 Hz),6.86(s,2H)。2c ^{1}H-NMR(400 MHz,CDCl$_3$):δ 7.30(t,2H,J = 8.4 Hz),6.85(d,2H,J = 8.4Hz),6.68(s,2H),3.78(s,3H)。

2.2.2.12 光催化底物 2d 的合成步骤

室温下,将用四氢呋喃溶解的顺丁烯二酰亚胺(5.5 mmol)溶液滴加到 20 mL 四氢呋喃和对硝基苯胺(5.5 mmol)混合物中,滴加完毕后,反应液加热回流 6 小时,大量沉淀析出。抽滤,然后将滤饼和乙酸钠(6 mmol)溶解在 20 mL 乙酸酐中,120 ℃ 微波反应 30 分钟,将溶液倒入 20 mL 冰水中,用饱和氢氧化钠溶液中和,产生大量沉淀。抽滤,固体用二氯甲烷溶解,干燥浓缩后,以二氯甲烷为展开剂进行柱层析得到白色固体。^{1}H-NMR(400 MHz,CDCl$_3$):δ 8.35(d,2H,J = 8.8 Hz),7.70(d,2H,J = 8.8 Hz),6.93(s,2H)。

2.2.2.13 氧化/[3+2]环加成反应步骤

在干燥的单口瓶中,将三重态光敏剂(2 mol)、四氢异喹啉衍生物(0.15 mmol)和 N-取代顺丁烯二酰亚胺(0.1 mmol)溶解在 3 mL 二氯甲烷中,用 35 W 氙灯(以 0.72 mol·L^{-1} 亚硝酸钠水溶液过滤,>385 nm 的可见光)照射反应液,薄层色谱法监测反应进程,反应结束后向反应液中加入 1.2 倍当量的 N-溴代丁二酰亚胺,再搅拌 10 分钟,减压除去溶剂,以二氯甲烷为洗脱剂进行柱层析。

2.2.2.14　化合物 3a

^{1}H-NMR(400 MHz,CDCl$_3$):δ 8.60(d,1H,J=6.8 Hz),7.49(t,2H,J=8.0 Hz),7.42~7.38(m,5H),7.30(d,1H,J=6.4 Hz),4.79(t,2H,J=7.2 Hz),4.47~4.41(m,2H),3.19(t,2H,J=7.2 Hz),1.47(t,3H,J=7.2 Hz)。高分辨质谱:m/z([C$_{23}$H$_{18}$N$_2$O$_4$Na])理论值409.1164,实测值409.1153。

2.2.2.15　化合物 3b

^{1}H-NMR(400 MHz,CDCl$_3$):δ 8.57(d,1H,J=8.4 Hz),7.62(d,2H,J=8.4 Hz),7.44~7.37(m,2H),7.31(t,3H,J=6.8 Hz),4.78(t,2H,J=6.8 Hz),4.46~4.41(m,2H),3.19(t,2H,J=6.8 Hz),1.47(t,3H,J=7.2 Hz)。高分辨质谱:m/z([C$_{23}$H$_{17}$N$_2$O$_4$NaBr])理论值487.0269,实测值487.0260。

2.2.2.16　化合物 3c

^{1}H-NMR(400 MHz,CDCl$_3$):δ 8.60(d,1H,J=7.2 Hz),7.43~7.36(m,2H),7.32~7.28(m,3H),7.01(d,2H,J=8.8 Hz),4.78(t,2H,J=6.8 Hz),4.46~4.40(m,2H),3.84(s,3H),3.19(t,2H,J=6.8 Hz),1.47(t,3H,J=7.2 Hz)。高分辨质谱:m/z([C$_{24}$H$_{20}$N$_2$O$_5$Na])理论值439.1270,实测值439.1277。

2.2.2.17　化合物 3d

^{1}H-NMR(400 MHz,CDCl$_3$):δ 8.57(d,1H,J=7.2 Hz),8.36(d,2H,J=8.8 Hz),7.73(d,2H,J=8.8 Hz),7.46~7.40(m,2H),7.33(d,1H,J=6.8 Hz),4.80(t,2H,J=6.8 Hz),4.49~4.43(m,2H),3.21(t,2H,J=6.8 Hz),1.48(t,3H,J=7.2 Hz)。高分辨质谱:m/z([C$_{23}$H$_{17}$N$_3$O$_6$Na])理论值431.1190,实测值432.1188。

2.3 R-1 和 R-2 的光物理性质、光化学性质研究

2.3.1 光谱测试研究方法

2.3.1.1 溶液的配制

用容量瓶将待测样品准确配制成 $1.0×10^{-3}$ mol·L^{-1} 的母液,根据样品的溶解性选择合适的溶剂,测试过程中所使用的乙腈为色谱纯,二氯甲烷为分析纯。光谱测试时用微量进样器取 30 mL 待测物母液,溶于盛有 3 mL 测试溶剂的荧光或紫外样品池中,测试的终浓度为 $1.0×10^{-5}$ mol·L^{-1},用滴管将溶液充分混合均匀后进行光谱测试。光谱测试中所使用的氮气纯度为 99.999%。三重态性质,如瞬态吸收和三重态寿命等的测试均在除氧的溶剂中进行,所用比色皿为特制带密封盖的四通石英比色皿,为防止空气进入,在测试过程中一直通氮气。

2.3.1.2 荧光量子产率

待测物的荧光量子产率在空气中测定,计算公式如下:

$$\Phi_{sam} = \Phi_{std}\left(\frac{A_{std}}{A_{sam}}\right)\left(\frac{I_{sam}}{I_{std}}\right)\left(\frac{\eta_{sam}}{\eta_{std}}\right)^2 \qquad (2.1)$$

公式中,sam 和 std 分别表示待测物和标准物;Φ 为荧光量子产率,η 为溶剂折光率,A 为激发波长处吸光度,I 为发光峰面积。测试时待测物与标准物激发波长、灵敏度、狭缝大小相同,且激发波长处吸光度约为 0.05。

2.3.1.3 单重态氧量子产率

测试原理简单描述如下。光敏剂将三重态能量传递给三重态氧,从而将其敏化成单重态氧($^1O_2$),1,3-二苯基异苯并呋喃(DPBF)被 $^1O_2$ 氧化,导致 DPBF 的紫外可见吸收光谱发生变化,可以获得吸光度随时间逐渐减小的关系曲线,

单重态氧量子产率通过以下公式进行计算:

$$\Phi_{\text{sam}} = \Phi_{\text{std}} \left(\frac{1 - 10^{-A_{\text{std}}}}{1 - 10^{-A_{\text{sam}}}} \right) \left(\frac{m_{\text{sam}}}{m_{\text{std}}} \right) \left(\frac{\eta_{\text{sam}}}{\eta_{\text{std}}} \right)^2 \tag{2.2}$$

公式中,sam 与 std 分别表示待测物及标准物;Φ,A,m 以及 η 分别代表单重态氧量子产率、激发波长处吸光度、DPBF 吸光度随时间变化的曲线斜率以及测试溶剂的折光率。测试采用的标准物为双碘代氟硼吡咯($\Phi_\Delta = 0.83$,溶剂为二氯甲烷)或者亚甲基蓝(MB,$\Phi_\Delta = 0.57$,溶剂为二氯甲烷),保证待测物与标准物激发波长相同,且在激发波长处吸光度值在 0.2~0.3 之间(以保证待测物与标准物吸光度值尽可能相近为最佳)。在测试时,待测物所用溶剂与标准物的溶剂应尽量保持一致,以消除溶剂折光率所产生的误差。

2.3.1.4　循环伏安法

通过循环伏安法研究 R-1、R-2 及其对照化合物的电化学性质。测试溶剂为二氯甲烷,0.10 mol·L^{-1} 四丁基六氟磷酸铵为支持电解质,测试时采用三电极体系,Ag/AgNO$_3$ 电极为参比电极,Pt 电极为对电极,玻碳电极为工作电极,以二茂铁为内标物。通过式(2.3)计算电子转移自由能的变化,以此来预测光诱导电子转移发生的可能性。

$$\Delta G_{\text{cs}} = e(E_{\text{OX}} - E_{\text{RED}}) - E_{00} + \Delta G_{\text{S}} \tag{2.3}$$

其中,ΔG_{S} 为静态库仑能,其计算公式如式(2.4)所示:

$$\Delta G_{\text{S}} = -\frac{e^2}{4\pi\varepsilon_{\text{s}}\varepsilon_0 R_{\text{CC}}} - \frac{e^2}{8\pi\varepsilon_0}\left(\frac{1}{R_{\text{D}}} + \frac{1}{R_{\text{A}}}\right)\left(\frac{1}{\varepsilon_{\text{REF}}} - \frac{1}{\varepsilon_{\text{S}}}\right) \tag{2.4}$$

其中,e 为电荷电量(1.6×10^{-19} eV);E_{OX} 为电子给体的单电子氧化半波电位,E_{RED} 为电子受体的单电子还原半波电位,E_{00} 为通过密度泛函理论计算的 S_1 态能级或者 T_1 态能级;ε_{S} 为溶剂的介电常数(如二氯甲烷为 8.9);R_{CC} 为能量给体中心和能量受体中心间距(通过量化计算优化构型得出),R_{A} 为电子受体的半径,R_{D} 为电子给体的半径;ε_0 为真空介电常量(8.85×10^{-12} F/m)。

2.3.1.5　理论计算

采用密度泛函理论(DFT)对目标化合物进行单重态、三重态构型优化,S_1

态能级与 T_1 态能级在 S_0 优化构型基础上使用含时密度泛函理论（TD-DFT）计算得出。本书选用 B3LYP 混合泛函模型，对 I 采用 genecp 基组，对 C、H、N、O、S 采用 6-31G 基组。

2.3.1.6　光动力治疗试验

细胞培养：鼠源肺癌细胞（LLC）使用的培养基为 RPMI-1640，主要成分为 20%的胎牛血清、碳酸氢钠溶液（2 g·L⁻¹）、1%的抗生素（青霉素/链霉素，100 U/mL）。培养皿置于通入 5%二氧化碳/95%空气的培养箱，培养箱保持恒温 37 ℃。细胞成像在共聚焦培养皿中进行，激发波长为 543 nm。

光动力治疗步骤：将浓度为 $5.0×10^{-4}$ mol·L⁻¹ 的 R-1 和 R-2 的二甲基亚砜溶液加入到 2 mL RPMI-1640 的细胞悬浮液中，终浓度为 $1.0×10^{-6}$ mol·L⁻¹，然后经孵育使光敏剂进入细胞中，635 nm 红光照射 4 小时，再孵育 24 小时后共聚焦成像。选择台盼蓝（trypan blue）用于死亡癌细胞的染色，台盼蓝的工作液浓度为 0.4%，染色试验要在加入工作液后 5 分钟内完成（由于死亡细胞的细胞膜不完整，所以其可以进入死亡细胞）。

2.3.2　光谱、电化学和密度泛函理论计算的结果与讨论

2.3.2.1　R-1 和 R-2 的稳态光谱测试

图 2.3 为化合物 R-1 和 R-2 的紫外可见吸收光谱，能量给体 R-0（最大吸收 556 nm 处摩尔吸光系数为 85000 L·mol⁻¹·cm⁻¹），能量受体部分即氟硼吡咯 B-1（最大吸收 637 nm 处摩尔吸光系数为 93600 L·mol⁻¹·cm⁻¹）在可见光区均有强吸收。目标化合物 R-1 的紫外可见吸收光谱中既体现出 R-0，又体现出 B-1 的吸收，说明 R-0 和 B-1 的柔性链连接方式是非共轭连接，在基态是不存在电子相互作用的，R-1 具有 500~700 nm 的宽谱带强吸收。如图 2.3(b)所示，R-2 与 R-1 相似，同样具有 500~750 nm 宽谱带吸收。

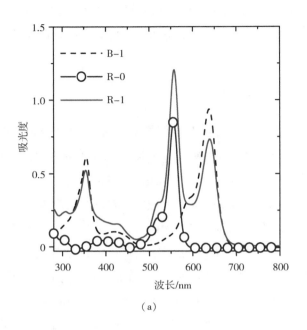

（a）

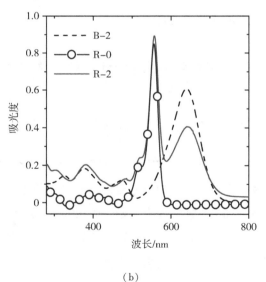

（b）

图 2.3　R-0~R-2、B-1 和 B-2 的紫外可见吸收光谱

注:B-1、R-1 和 R-0(a),B-2、R-2 和 R-0(b)均以二氯甲烷为溶剂,浓度为 $1.0×10^{-5}$ mol·L^{-1},20 ℃。

　　为了研究 R-1 和 R-2 分子内能量转移,保证在激发波长处样品的吸光度值相同,比较 R-0、R-1 和 R-2 能量给体(575 nm)的发光强度。R-0 在 575 nm 处发射很强的荧光,但在 R-1 和 R-2 中能量给体的荧光几乎完全淬灭,如图 2.4 所示,这可能是由于分子内存在由罗丹明到氟硼吡咯的单重态能量转移。

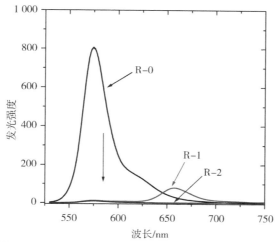

图 2.4　R-0、R-1 与 R-2 激发能量给体的发光光谱

注:激发波长为 520 nm,在激发波长处吸光度值相同,$A=0.18$,浓度略有差别,溶剂为二氯甲烷,20 ℃。

但是能量给体的荧光淬灭不一定说明存在能量转移,电子转移也同样可以导致荧光淬灭。为了进一步证明能量转移的存在,激发 R-1 和 R-2 分子中能量受体氟硼吡咯部分,分别与对照化合物 B-1 和 B-2 的发光光谱进行比较,如图 2.5 所示。

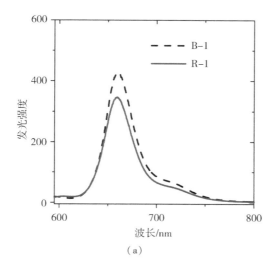

（a）

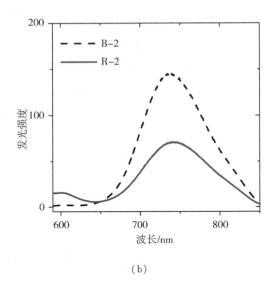

（b）

图 2.5　R-1、B-1 与 R-2、B-2 激发能量受体的发光光谱

注：（a）B-1 和 R-1（激发波长为 585 nm，在激发波长处 $\varepsilon_{B-1} = \varepsilon_{R-1} = 30000$ L · mol^{-1} · cm^{-1}）；

（b）B-2 和 R-2（激发波长为 580 nm，在激发波长处 $\varepsilon_{B-2} = \varepsilon_{R-2} = 24000$ L · mol^{-1} · cm^{-1}）；

溶剂为二氯甲烷，浓度为 1.0×10^{-5} mol · L^{-1}，20 ℃。

在 585 nm 光激发下保证在激发波长处 ε 值相同（即吸光能力相同），B-1 和 R-1 的发光强度相近，R-2 比 B-2 稍有降低。以上结果可以进一步说明 R-1 和 R-2 的电子转移不明显。

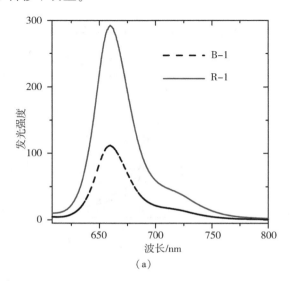

（a）

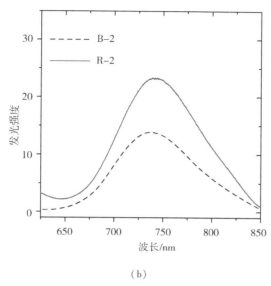

（b）

图 2.6 R-1、B-1 与 R-2、B-2 激发能量给体的发光光谱

注:(a)B-1 和 R-1(激发波长为 557 nm,在激发波长处 $\varepsilon_{B-1}=10200$ L·mol^{-1}·cm^{-1},$\varepsilon_{R-1}=121000$ L·mol^{-1}·cm^{-1});

（b）B-2 和 R-2(激发波长为 557 nm,$\varepsilon_{B-2}=11400$ L·mol^{-1}·cm^{-1},$\varepsilon_{R-2}=89400$ L·mol^{-1}·cm^{-1});

溶剂为二氯甲烷,浓度为 1.0×10^{-5} mol·L^{-1},20 ℃。

选择能量给体罗丹明最大吸收处波长为激发波长,与对照化合物发光光谱进行比较,如图 2.6(a)所示,R-1 中能量给体的发光强度与对照化合物 B-1 相比明显增强,说明存在从罗丹明到氟硼吡咯的单重态能量转移。而化合物 R-2 发光强度稍有增强,如图 2.6(b)所示。

分子内能量给体到能量受体的能量转移效率通过比较激发光谱与紫外光谱的重合程度来衡量。如图 2.7 所示,对 R-1 发射波长设定为 700 nm,激发光谱与紫外可见吸收光谱部分重合,说明激发罗丹明部分能够有效产生 700 nm 处氟硼吡咯的发光,即二者之间存在单重态能量转移。同样,R-2 的激发光谱与紫外可见吸收光谱也能部分重合,说明分子也存在能量转移,与发光光谱的比较结果一致。由图中激发光谱和紫外可见吸收光谱中罗丹明吸收峰强度的比值计算,R-1 和 R-2 能量转移效率分别为 56.3% 和 53.2%。

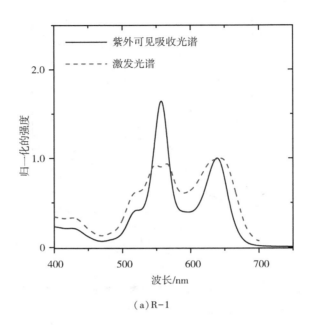

（a）R-1

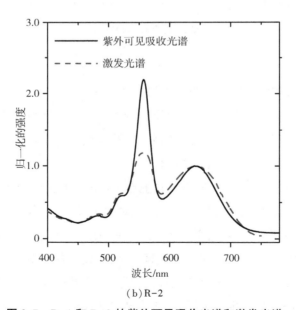

（b）R-2

图 2.7　R-1 和 R-2 的紫外可见吸收光谱和激发光谱

注：（a）R-1,发射波长为 700 nm；

（b）R-2,发射波长为 750 nm;溶剂为二氯甲烷,浓度为 1.0×10^{-5} mol·L^{-1},20 ℃。

2.3.2.2 瞬态吸收光谱及密度泛函理论计算对三重态进行归属

为了进一步确认光敏剂的三重态归属,分别研究了 R-1 和 B-1 的纳秒瞬态吸收光谱(图 2.8)。在 532 nm 激光器激发下,对于 R-1,观察到了在 630 nm 处的基态漂白峰(与氟硼吡咯的紫外吸收相对应),同时检测到了 390 nm、514 nm 和 650~800 nm 处苯乙烯基氟硼吡咯的三重态的特征吸收峰,与对照化合物 B-1 一致;R-1 和 B-1 三重态寿命分别为 1.53 μs 和 1.80 μs,两者相差不大。以上分析说明所测得信号可以归属为同一瞬态物种,即氟硼吡咯的三重态。在不除氧条件下,监测 630 nm 处寿命衰减曲线,R-1 的三重态寿命由 1.53 μs 淬灭至 0.29 μs,同样,B-1 的三重态寿命也淬灭至 0.28 μs,说明该瞬态物种对氧气敏感,归属为苯乙烯基氟硼吡咯的三重态信号。

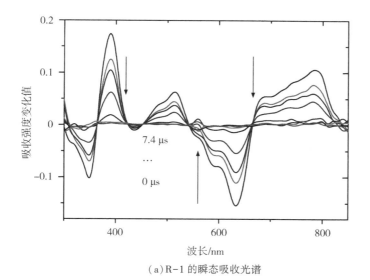

(a)R-1 的瞬态吸收光谱

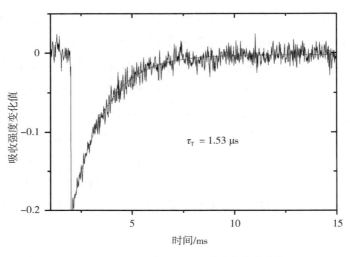

（b）R-1 在 630 nm 处的寿命衰减曲线

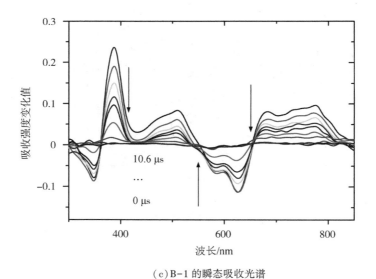

（c）B-1 的瞬态吸收光谱

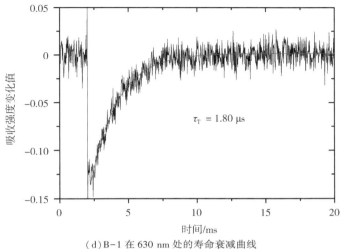

（d）B-1 在 630 nm 处的寿命衰减曲线

图 2.8　R-1 和 B-1 的纳秒瞬态吸收光谱

注:激发波长为 532 nm,溶剂为二氯甲烷,浓度为 1.0×10^{-5} mol · L^{-1},20 ℃。

　　飞秒瞬态吸收光谱能够更直观地测定出能量给体与能量受体之间的单重态能量转移过程。如图 2.9 所示,在波长为 555 nm 的光激发下,R-1 罗丹明（能量给体）部分受到激发,在 560 nm 处出现罗丹明的漂白峰,随着时间的延长,罗丹明的漂白峰逐渐衰减,与此同时在 640 nm 处氟硼吡咯的单重态信号逐渐增强。因此,发生了从罗丹明到氟硼吡咯的单重态能量转移。R-2 的结果与 R-1 类似,也观察到了从罗丹明到氟硼吡咯的单重态能量转移。

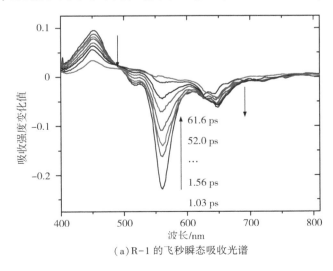

（a）R-1 的飞秒瞬态吸收光谱

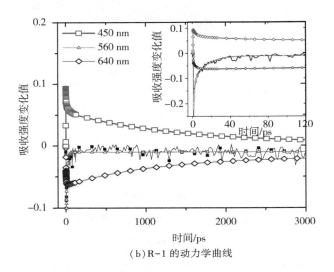

（b）R-1 的动力学曲线

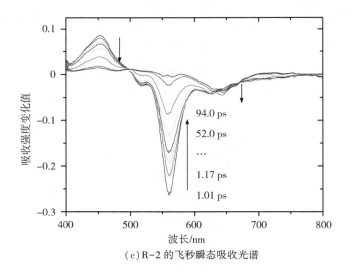

（c）R-2 的飞秒瞬态吸收光谱

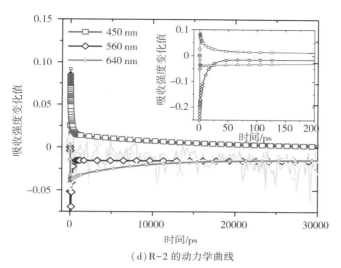

（d）R-2 的动力学曲线

图 2.9 R-1 和 R-2 的飞秒瞬态吸收光谱

注:溶剂为二氯甲烷,激发波长为 555 nm,20 ℃。

当分子受到光激发后,电子跃迁至空轨道中,在重原子效应等其他因素的作用下,电子的自旋发生变化,形成三重态的分子,通过自旋密度分布的理论计算,可以得出自旋不成对电子在整个分子中的分布情况。

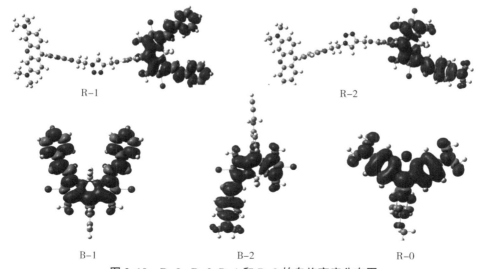

图 2.10 R-0~R-2、B-1 和 B-2 的自旋密度分布图

注:溶剂为二氯甲烷,泛函和基组为 B3LYP/6-31G(d)/genecp。

为了进一步验证光敏剂 R-1 和 R-2 的三重态归属,进行了自旋密度的计算,如图 2.10 所示。R-1 和 R-2 自旋密度都主要分布在氟硼吡咯单元,罗丹明对自旋密度分布没有任何贡献,与瞬态吸收测试结果相吻合。R-0 的自旋密度扩展到非共轭的苯环上。从对照化合物 B-1 和 B-2 自旋密度分布图可以看出,自旋密度主要集中在共轭中心部分,而非共轭的苯环并没有参与,与 R-1 和 R-2 的计算结果一致。由于立体效应的影响,氟硼吡咯和罗丹明分布在距离最远的位置,二者之间没有明显的电子相互作用,这一点与稳态光谱和瞬态吸收光谱相一致。化合物 R-1 的电子激发能级、振子强度及 CI 系数见表 2.1。

表 2.1　化合物 R-1 的电子激发能级(eV)、振子强度(f)及 CI 系数表

电子跃迁		含时密度泛函/B3LYP/6-31G(d)			
		激发能级	振子强度	跃迁类型	CI 系数
吸收	$S_0 \to S_1$	2.05 eV(604 nm)	0.9401	H→ L+1	0.7077
	$S_0 \to S_2$	2.09 eV(594 nm)	0	H→ L	0.7071
	$S_0 \to S_3$	2.61 eV(475 nm)	0.9289	H-1 →L	0.7050
	$S_0 \to S_6$	2.88 eV(430 nm)	0.5218	H-2 →L+1	0.6224
	$S_0 \to S_{18}$	3.54 eV(350 nm)	0.5688	H-10 →L+1	0.5225
				H→L+2	0.4395
发光	$S_0 \to S_1$	1.75 eV(710 nm)	1.0861	H→ L	0.7082
	$S_0 \to S_2$	1.99 eV(624 nm)	0	H→ L+1	0.7071
	$S_0 \to S_3$	2.45 eV(506 nm)	1.1510	H-1 → L+1	0.7061
	$S_0 \to S_6$	2.68 eV(462 nm)	0.5614	H-2 →L	0.5973
三重态	$S_0 \to T_1$	1.13 eV(1099 nm)	0	H→ L+1	0.7016
	$S_0 \to T_2$	1.74 eV(712 nm)	0	H-1→L	0.7055

表 2.1 中第二单重态(S_2 态)是一个电荷转移态,振子强度($f = 0$)说明 S_2 态是"暗态",对荧光发射没有贡献,这主要是由于 S_2 态并不是最低单重态。通过含时密度泛函理论计算对单重态的构型优化及 R-1 的荧光发射进行计算,荧光发射理论值(710 nm)与实测值(660 nm)相差不大;从轨道分布可以看出,S_1 态位于氟硼吡咯部分,S_3 位于罗丹明部分,根据卡莎规则,R-1

的发射态为最低的 S_1 态,即氟硼吡咯部分,而 S_3 态是不发光的,它通过内转换将能量传递给 S_1 态,实现从能量给体罗丹明到受体氟硼吡咯的能量转移。三重态的计算中,位于氟硼吡咯部分的 T_1 态与位于罗丹明部分的 T_2 态之间存在较大的能级差,很难建立二者之间的能级平衡,因而三重态最终归属为能级最低的 T_1 态,即氟硼吡咯部分,与瞬态吸收光谱的结果相吻合(图 2.8)。R-1 的激发态、发射态和三重态的前线分子轨道能级图如图 2.11 所示。

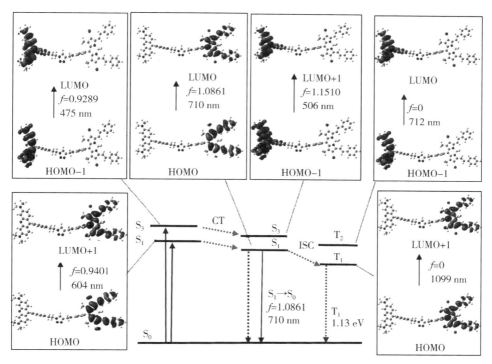

图 2.11　R-1 的激发态、发射态和三重态的前线分子轨道能级图

注:CT 表示构型转化,泛函和基组采用 B3LYP/6-31G(d)/genecp,溶剂为二氯甲烷;
HOMO 为最高占有轨道,LUMO 为最低空轨道。

2.3.2.3　目标化合物 R-1 和 R-2 的电化学研究

为了考察三重态光敏剂是否存在分子内电子转移,利用电化学数据进行了电子转移自由能计算。图 2.12 为 R-1 和 R-2 的循环伏安曲线,罗丹明的氧化电位和还原电位分别为 +1.08 V 和 +1.13 V。对照化合物 B-1(氧化电位为

+0.84 V,还原电位为−1.03 V)与 R−1(氧化电位为+0.82 V,还原电位为−1.02 V),B−2(氧化电位为+0.41 V,还原电位为−1.22 V)和 R−2(氧化电位为+0.43 V,还原电位为−1.18 V),电位值相差不大,说明在基态时光敏剂中各基团之间相互作用较弱。

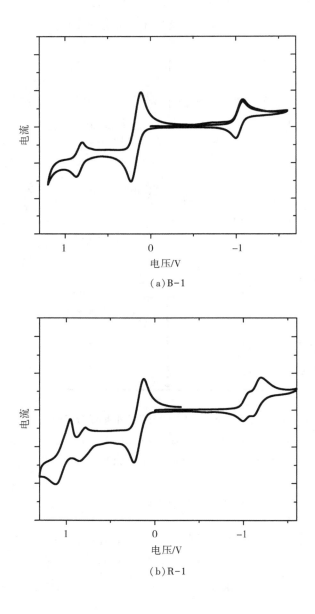

(a)B−1

(b)R−1

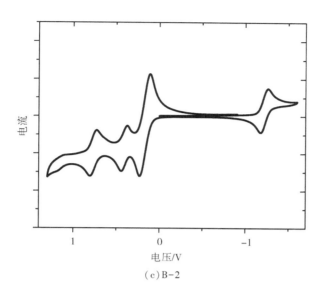

（c）B-2

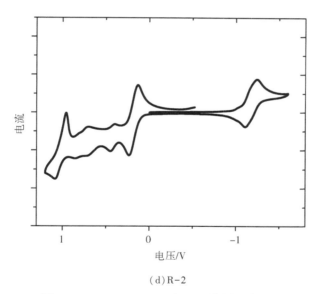

（d）R-2

图 2.12　R-1、R-2、B-1 和 B-2 的循环伏安曲线

注:待测物浓度为 1.0×10^{-3} mol · L^{-1},

以 0.10 mol · L^{-1}四丁基六氟磷酸铵为支持电解质,扫描速度为 50 mV/s,

Ag/AgNO$_3$ 为参比电极,二茂铁为内标物,溶剂为二氯甲烷。

首先假设单重态能量转移速度远远大于电子转移速度，根据式(2.3)，可以计算出 R-1 的吉布斯自由能变化为 ΔG_{CS} = +0.08 eV。若电子转移发生在三重态，根据密度泛函理论计算，E_{00} 为 B-1 的 T_1 态能级 1.13 eV，由式(2.4)计算出氟硼吡咯作为电子受体时，ΔG_{CS} = 1.04-(-1.02)-1.13-0.08 = +0.85 eV，氟硼吡咯作为电子给体时，ΔG_{CS} = 0.82-(-1.16)-1.13-0.08 = +0.77 eV。假设电子转移发生在单发态，则 E_{00} 为罗丹明 S_1 态能级 2.37 eV，当罗丹明作为电子受体时，ΔG_{CS} = 1.04-(-1.02)-2.37-0.08 = -0.39 eV，当罗丹明作为电子给体时，ΔG_{CS} = 0.82-(-1.16)-2.37-0.08 = -0.47 eV。表 2.2 为 B-1、R-1、B-2、R-2 和 R-0 的电化学数据。

表 2.2　B-1、R-1、B-2、R-2 和 R-0 的电化学数据

化合物	氧化电位/eV			还原电位/eV	
	I	II	III	I	II
B-1	+0.84	—[b]	—[b]	-1.03	—[b]
R-1	+0.82	+1.04	—[b]	-1.02	-1.16
B-2	+0.41	+0.71	—[b]	-1.22	—[b]
R-2	+0.43	+0.79	+1.03	-1.18	—[b]
R-0	+1.08	—[b]	—[b]	-1.13	—[b]

注：以四丁基六氟磷酸铵的二氯甲烷溶液为支持电解质(0.1 mol·L^{-1})，室温下测试，扫描速度为 50 mV·s^{-1}，以二茂铁作为内标物，采用半波电位表示实际电位，^{b} 代表未得到数据。

通过上述计算，R-1 三重态位于氟硼吡咯(能量受体)时，不可能氧化或还原罗丹明(能量给体)，R-1 与对照化合物 B-1 的三重态寿命相似可以证明这一点。虽然计算结果表明在单重激发态时电子转移有可能发生，但是发光光谱、激发光谱及荧光寿命(能量受体的发光没有明显的淬灭)等说明处于单重激发态时能量给体与能量受体之间的电子转移并不明显。同样对 R-2 进行了上述计算，电子转移发生在单重态，而且罗丹明作为电子受体时，ΔG_{CS} = -0.88 eV，具有较大的电子转移的可能性，与能量受体氟硼吡咯的发光明显淬灭且通过激发光谱计算所得相对能量转移效率较低的规律一致。

2.4 三重态光敏剂的应用性能研究

2.4.1 敏化单重态氧能力的比较

单重态氧量子产率用于衡量光敏剂产生三重态能力的强弱。如表 2.4 所示，选取 557 nm 为激发波长（激发能量给体），R-1 的单重态氧量子产率（73.8%）高于对照化合物 B-1（62.4%），而 R-2 的单重态氧量子产率（39.6%）低于对照化合物 B-2（58.5%），主要是由于 R-2 分子中存在明显的推拉电子基团产生分子内电荷转移（intramolecular charge transfer，ICT）。

在同一条件下，分别比较了光敏剂产生单重态氧的能力。从激发能量给体罗丹明的动力学曲线（图 2.13）中可以看出，在同一条件下 R-1 的斜率大于 B-1，即 R-1 产生单重态氧的能力强于 B-1，R-2 则弱于 B-2。

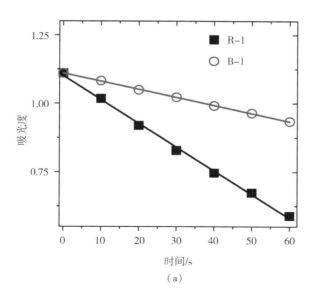

（a）

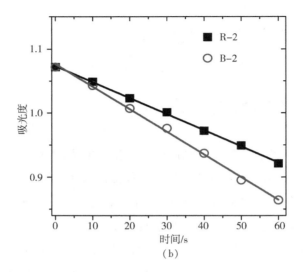

（b）

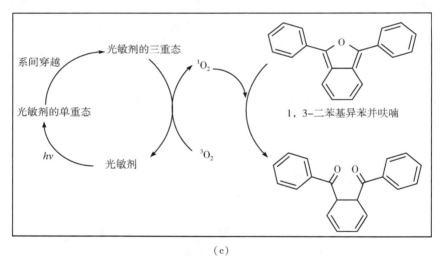

（c）

图 2.13　激发能量给体产生单重态氧能力的比较图

注:激发波长为 557 nm,浓度为 1.0×10^{-5} mol · L^{-1},溶剂为二氯甲烷,20 ℃;

随着光照时间的延长,在 414 nm 处的吸光度值逐渐减小。

2.4.2　光催化反应中的应用

将光敏剂 R-1 应用到四氢异喹啉衍生物与 N-苯基马来酰亚胺的催化氧

化/[3+2]环加成反应中,经过条件优化后,选择二氯甲烷为反应溶剂,反应时间为 1.5 小时,在室温条件下产率为 53%~83%,加成产物 3 的主体结构单元是一种具有生物活性的天然产物(表 2.3)。反应底物 2 中的推拉电子取代基并没有产生明显的取代基效应,因而反应具有一定的通用性。

表 2.3　R-1 催化氧化/[3+2]环加成/芳构化反应[a]

	催化剂	底物	产物	反应时间/(小时)	产率/%
1	R-1	2a	3a	1.5	83
2	R-1	2b	3b	1.5	80
3	R-1	2c	3c	1.5	72
4	R-1	2d	3d	1.5	53
5	R-2	2a	3a	1.5	痕量

续表

	催化剂	底物	产物	反应时间/(小时)	产率/%
6	R-1	2a	3a	1.5	32
7ᵉ	B-1	2a	3a	1.5	36

注:ᵃ 表示 1(0.15 mmol)、2(0.10 mmol)、R-1(0.02% mol)、N-溴代丁二酰亚胺(NBS,1.2 倍当量)溶于 3.0 mL 二氯甲烷混合溶液,用 35 W 氙灯(波长大于 385 nm,300 W·m⁻²)照射,20 ℃;ᵇ 表示混合物经 35 W 氙灯(570 >照射波长> 470 nm)照射。

电子自旋共振光谱(electron spin resonance spectroscopy,ESR)主要是研究具有未配对电子的物质受辐射作用产生的自由基等物种,通过对共振谱线的研究可以获得有关分子、原子及离子中未偶电子的状态及其周围环境方面的信息。对上述催化反应利用 ESR 进一步研究该催化反应的机制,如图 2.14 所示。

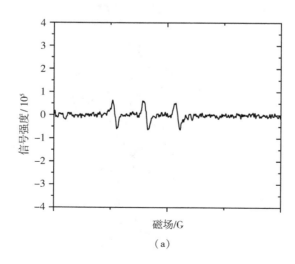

（a）

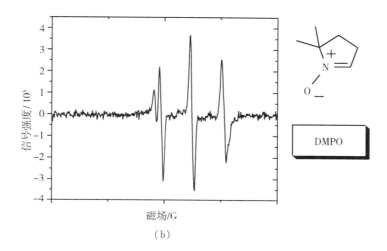

（b）

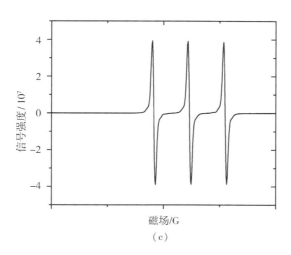

（c）

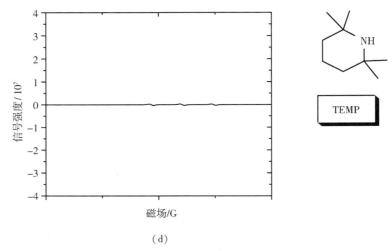

（d）

图 2.14　R-1 的电子自旋共振光谱

注：（a）R-1（4.0×10^{-4} mol·L^{-1}）和 5,5-二甲基-1-吡咯啉-N-氧化物（DMPO,1.0 ×10^{-2} mol·L^{-1}）；

　　（b）R-1（4.0 ×10^{-4} mol·L^{-1}）、1（3.0 ×10^{-3} mol·L^{-1}）和 5,5-二甲基-1-吡咯啉-N-氧化物

（DMPO,1.0 ×10^{-2} mol·L^{-1}）；（c）R-1（4.0×10^{-4} mol·L^{-1}）和 2,2,6,6-四甲基哌啶（TEMP,0.10 mol·L^{-1}）；

（d）R-1（4.0×10^{-4} mol·L^{-1}）、2,2,6,6-四甲基哌啶（TEMP,0.10 mol·L^{-1}）和 1（3.0 ×10^{-3} mol·L^{-1}）；

　　激发波长为 589 nm,所有样品的光照时间均为 100 s（光强 140 mW·cm^{-2}）,溶剂为二氯甲烷,25 ℃。

　　以 5,5-二甲基-1-吡咯啉-N-氧化物（DMPO）为超氧阴离子自由基（O$_2^{\bullet-}$）的捕获剂,以 2,2,6,6-四甲基哌啶（TEMP）作为单重态氧（^{1}O$_2$）捕获剂,589 nm 激光器激发 R-1 和 5,5-二甲基-1-吡咯啉-N-氧化物的混合物,没有信号响应［图 2.14（a）］,当激发 R-1、1 和 5,5-二甲基-1-吡咯啉-N-氧化物的混合物,可以观察到较强的信号［图 2.14（b）］,说明反应的活性中间体为超氧阴离子自由基,并且四氢异喹啉衍生物（1）在催化循环中充当电子给体。同样,当激发 R-1 和 2,2,6,6-四甲基哌啶混合物时,可以检测到单重态氧的信号,但加入 1 时信号被完全淬灭,说明 1 有效地抑制了单重态氧的产生,进一步证实了催化反应中产生超氧阴离子自由基的机制,同时 1 在催化循环中充当电子给体。

　　由以上电子自旋共振光谱分析可以推测出催化机制,如图 2.15 所示。在催化循环中 R-1 充当能量和电子的转换器,在光激发下催化剂 R-1 利用其宽谱带吸收能力以及高效的系间穿越效率达到三重态,然后将氧气敏化为超氧阴

离子自由基,一方面 R-1 的宽谱带吸收能力使其充分利用可见光源,另一方面能量转移作用进一步提高了 R-1 敏化氧气生成超氧阴离子自由基的效率。以上两方面体现了存在能量转移和宽谱带吸收的三重态光敏剂在光催化反应中的优越性。

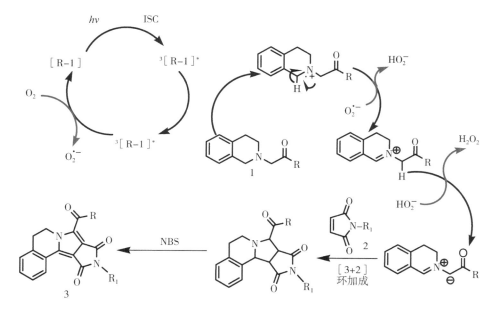

图 2.15　R-1 催化的氧化/环加成/芳构化机制

表 2.4　R-0~R-2、B-1 和 B-2 光物理性质

化合物	溶剂	λ_{abs}/nm	ε/(L · mol^{-1} · cm^{-1})	λ_{em}/nm	τ/ns	Φ_Δ	Φ/%	τ_T/μs 空气	τ_T/μs 氩气
R-1	PhCH$_3$	551	52700	659	1.66	—	8.6	0.15	1.64
		641	67400						
	DCM	557	120000	660	1.89	0.738[b]	9.0	0.29	1.53
		639	73300			0.524[c]			
	CH$_3$CN	554	106600	653	1.41	—[j]	4.6	0.14	1.46
		631	60800						

续表

化合物	溶剂	$\lambda_{abs}/$ nm	$\varepsilon/$ $(L \cdot mol^{-1} \cdot cm^{-1})$	$\lambda_{em}/$ nm	$\tau/$ ns	Φ_Δ	$\Phi/\%$	$\tau_T/\mu s$ 空气	$\tau_T/\mu s$ 氩气
R-2	PhCH₃	552	29400	698	1.93	—ʲ	5.8	0.18	3.29
		643	39100						
	DCM	557	89400	739	1.37	0.396[b]	4.2	0.36	4.09
		641	40600			0.087[c]			
	CH₃CN	555	78000	577	—*	—ʲ	—[g]	0.14	4.19
		633	35200						
R-0	PhCH₃	564	14700	584	1.49	—ʲ	22.8	—*	—*
	DCM	556	85000	575	4.19	—ʲ	43.0	—*	—*
	CH₃CN	554	81800	579	1.60	—ʲ	34.0	—*	—*
B-1	PhCH₃	643	103400	663	1.93	—ʲ	11.1	0.15	1.73
	DCM	637	93600	660	1.84	0.624[b]	10.1	0.28	1.80
	CH₃CN	629	90400	655	1.73	—ʲ	9.9	0.12	1.26
B-2	PhCH₃	647	77900	706	1.88	—ʲ	0.8	0.17	3.48
	DCM	639	60600	738	1.57	0.585[b]	3.4	0.31	3.95
	CH₃CN	630	59900	—*	—*	—ʲ	—*	—*	4.47

注：[a] 代表 R-1、R-2、R-0、B-1 和 B-2 的激发波长为 520 nm、520 nm、520 nm、600 nm 和 600 nm（1.0×10^{-5} mol·L⁻¹，20 ℃），λ_{abs} 代表吸收波长，ε 代表摩尔吸光系数，λ_{em} 代表荧光发射波长，τ 代表荧光寿命，τ_T 代表三重态寿命，—* 代表无信号，Φ_Δ 代表单重态氧量子产率（$^1O_2$），Φ 代表荧光量子产率，以 B-4 为标准物（Φ_F = 0.093），溶剂为 CH_2Cl_2，—ʲ 代表未测定；[b] 代表以亚甲基蓝（MB）为标准物（Φ_Δ = 0.57，CH_2Cl_2，λ_{ex} = 580 nm）；[c] 代表以 B-0 为参照物（Φ_Δ = 0.83）；R-1 激发波长为 543 nm，R-2 的激发波长为 545 nm。

2.4.3　在光动力治疗（PDT）中的应用

R-1 和 R-2 在结构上存在罗丹明单元，具有一定的水溶性；碘代氟硼吡咯具有较强的敏化氧气产生单重态氧的能力；同时，R-1 和 R-2 都发射近红外光，在光动力治疗中近红外光具有较好的组织穿透能力。基于以上三个特点，将 R-1 和 R-2 应用到体外细胞光动力治疗中。

R-1 和 R-2 分别在鼠源肺癌细胞中孵育后,光敏剂 R-1 和 R-2 均定位于细胞质中并发射出红色荧光,如图 2.16 所示。先将光敏剂 R-1 与细胞共同孵育,进入细胞后,用 635 nm 的红光照射 4 小时,光敏剂被激发,经系间穿越到达氟硼吡咯的三重激发态,然后敏化氧气为单重态氧杀死癌细胞。死亡的癌细胞用台盼蓝染色,试验结果表明 R-1 具有较强的杀死癌细胞的能力,如图 2.17 所示。

荧光　　　　　　　　　　　　明场　　　　　　　　　　　　叠加

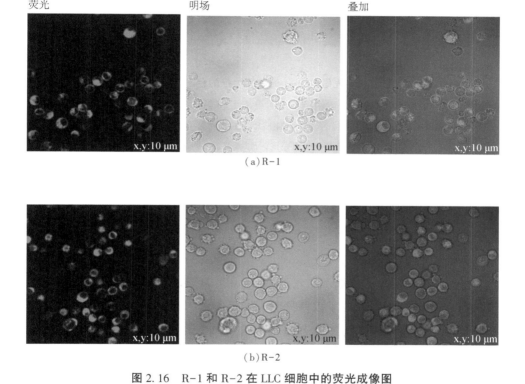

(a)R-1

(b)R-2

图 2.16 R-1 和 R-2 在 LLC 细胞中的荧光成像图

注:激发波长 543 nm,光敏剂的浓度为 1.0×10^{-6} mol·L^{-1},37 ℃,在暗处孵育 24 h。

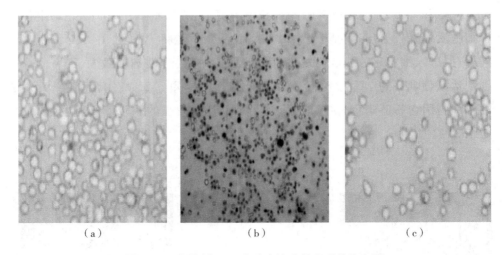

（a）　　　　　　　　　　（b）　　　　　　　　　　（c）

图 2.17　光敏剂 R-1 光动力治疗的台盼蓝染色图

注：（a）R-1 暗处孵育 24 h；（b）R-1 孵育后，635 nm LED 光照 4 h，暗处孵育 24 h；

（c）不加光敏剂，LED 光照 4 h 后，孵育 24 h；R-1 的浓度为 1.0×10^{-6} mol·L^{-1}，37 ℃；

死亡细胞由于细胞膜不完整，所以能够被台盼蓝染成蓝色。

2.5　本章小结

　　根据罗丹明的发光光谱和芳乙烯基 2,6-二碘代氟硼吡咯的吸收光谱存在较大的谱带交叠，设计合成了以罗丹明为能量给体，芳乙烯基 2,6-二碘代氟硼吡咯作为能量受体的有机三重态光敏剂 R-1 和 R-2，其在可见光区（500～700 nm）具有强的宽谱带吸收。稳态光谱和飞秒瞬态吸收光谱表明，分子内存在由罗丹明向氟硼吡咯的单重态能量转移。通过纳秒瞬态吸收光谱和自旋密度计算，发现三重态位于芳乙烯基 2,6-碘代氟硼吡咯部分。

　　将 R-1 作为催化剂成功应用到四氢异喹啉衍生物与 N-苯基马来酰亚胺的氧化/[3+2]环加成反应中，反应条件温和，产率高达 53%～83%，比传统的过渡金属催化剂具有更大的优越性。此外，还将其应用到体外细胞光动力治疗中，光敏剂 R-1 与癌细胞共同孵育后定位于细胞质中，经 635 nm 红光照射后，敏化氧气产生单重态氧，能够高效杀死癌细胞。

3 光响应型氟硼吡咯–二噻吩乙烯三重态光敏剂的合成与性能研究

如前所述,三重态光敏剂被广泛地应用到光催化反应、光动力治疗、三重态–三重态湮灭上转换等领域。而可调控的三重态光敏剂,它们的应用可以进一步拓展到分子逻辑门、靶向的光动力治疗等高新领域,从而可以大大拓宽光敏剂的应用范围。因此,设计具有可调控性的三重态光敏剂是研究者面临的又一挑战。

近年来,通过外部刺激实现可调控的单重态的研究较为深入,常见的调控机制主要包括光诱导电子转移、荧光共振能量转移等,已被广泛地用于设计合成荧光探针、靶向荧光成像等方面。然而,由于三重态光敏剂的设计存在一定的不可预测性,所以到目前为止将可调控性扩展到三重态光敏剂的报道仅为少数几个。例如:2005 年,O'Shea 课题组报道了溴代氮杂氟硼吡咯,利用光诱导电子转移效应实现开关式的光动力治疗,即氮原子质子化后,光诱导电子转移被抑制,氮杂氟硼吡咯能够高效地敏化氧气,产生的 $^1O_2$ 具有较强的杀死癌细胞能力;去质子化后,光诱导电子转移导致能量转移受到抑制,大大降低氮杂氟硼吡咯对氧的敏化作用,杀死癌细胞能力降低;通过质子化和去质子化来实现开关式的光动力治疗。通过其他调控方式实现光敏剂的可调控性仍然存在较大的研究空间。

3.1 分子设计

迄今为止,对分子内存在能量转移和系间穿越相互竞争的二元化合物或三元化合物的研究较为罕见。本书计划合理利用这两种相互竞争的光物理过程，期望它们会对三重态产生有效的调控作用。基于以上设想，本章中选用性能优异的二噻吩乙烯（DTE），利用其在紫外光和可见光照射下的开-闭环特性，作为分子的光调控开关，选择具有强可见光吸收的 2,6-二碘代氟硼吡咯作为自旋转换单元，设计合成 2,6-二碘代氟硼吡咯-二噻吩乙烯三元化合物 DB-1。

在 DB-1 的开环体（DB-1-o）中，由于 2,6-二碘代氟硼吡咯的 T_1 态能级（1.52 eV）低于二噻吩乙烯的开环体（DTE-o）的 T_1 态能级（1.96 eV），因而在光激发下可高效地到达氟硼吡咯的三重激发态；当 DTE 在紫外光作用下可以实现开环到闭环，即 DTE-o 到 DTE-c 之间的转换，在 DB-1-c 中同时存在 2,6-二碘代氟硼吡咯到 DTE-o 之间的单重态能量转移与自身系间穿越过程相竞争，分子内单重态能量转移导致碘代氟硼吡咯的三重态效率降低；当在可见光照射下，DTE-c 转化为 DTE-o，能量转移被阻断，碘代氟硼吡咯的三重态效率得以恢复，从而通过 DTE 的光异构化作用而达到调控氟硼吡咯的三重态的目的，DB-1-o 和 DB-1-c 光物理过程如图 3.1 所示。同时设计了不存在系间穿越的对照化合物 DB-2，与光敏剂 DB-1 性质加以比较。

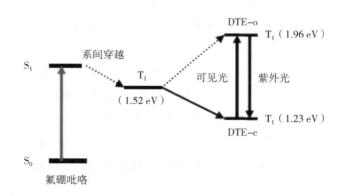

图 3.1　DB-1 的光物理过程雅布隆斯基图

合成路线：首先合成含有叠氮基团的氟硼吡咯 3 作为中间体，然后经过 N-碘代丁二酰亚胺碘化得到 2,6-二碘代氟硼吡咯（B-0），以使重原子效应达到最大化；再以 2-甲基噻吩为原料，合成含炔基的二噻吩乙烯中间体 D-1，经 Cu（Ⅰ）催化的"点击"反应合成了 DB-1。同样方法合成了不含碘原子的对照化合物 DB-2,具体合成步骤见试验部分。

3.2 中间体、**DB-1** 和 **DB-2** 的合成步骤

3.2.1 原料及中间体制备、表征手段与测试仪器

试验中所用 4-羟基苯甲醛、1,2-二溴乙烷、叠氮化钠、2-甲基噻吩、三甲基硅乙炔、全氟环戊烯等均为市售的分析纯,乙醚使用前经钠丝加热回流,加入二苯甲酮变色后,再进行蒸馏使用;三乙胺用活化的 4 Å 分子筛预先除水,其余试剂均直接使用。DB-1,DB-2 和对照化合物的合成路线如图 3.2 所示。

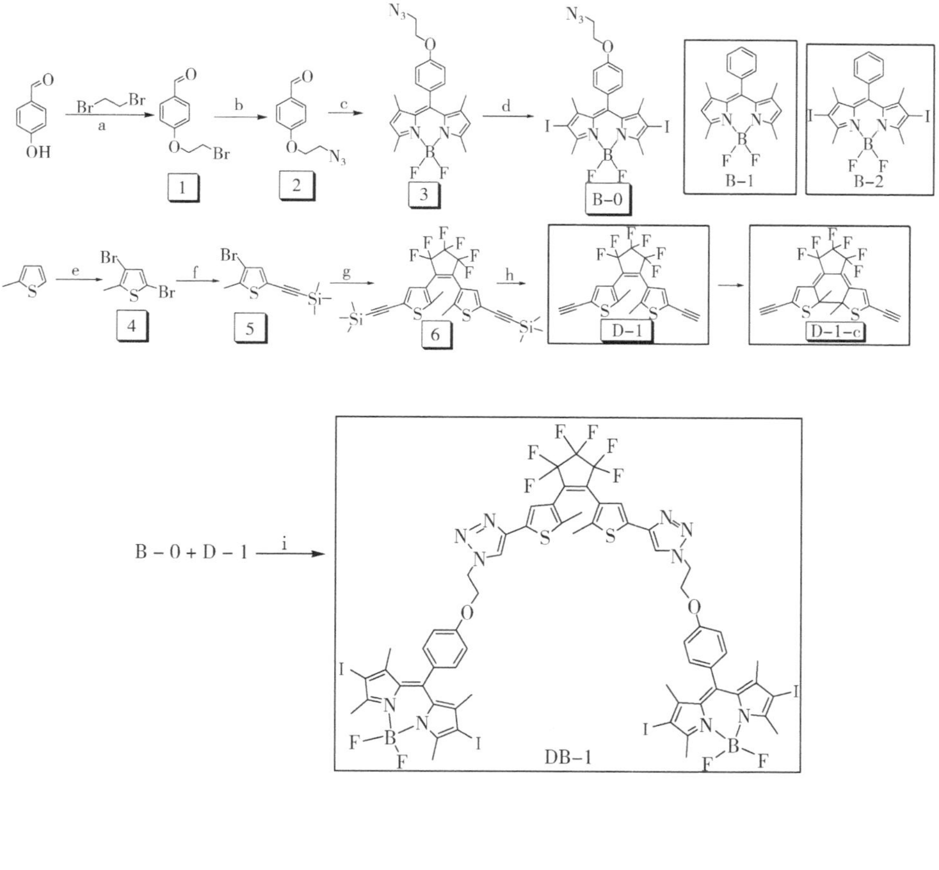

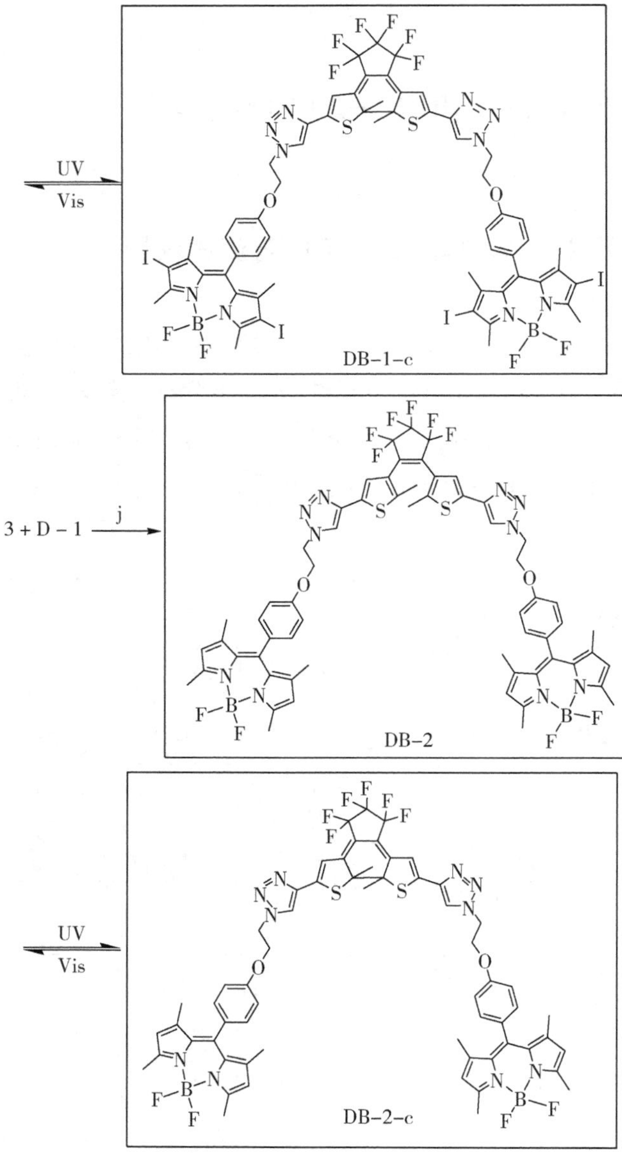

图 3.2 DB-1,DB-2 和对照化合物的合成路线

注:a.碳酸钾,乙醇,回流,8 小时;

b.叠氮化钠,N,N-二甲基甲酰胺,100 ℃,2 小时;c.2,4-二甲基吡咯,三氟乙酸和三氟化硼乙醚络合物;

d.N-碘代丁二酰亚胺,30 ℃;e.N-溴代丁二酰亚胺,乙酸,室温;

f.三甲基硅乙炔,Pd(PPh₃)₄,CuI,三乙胺,45 ℃;g.正丁基锂,-78 ℃;

h.甲醇/四氢呋喃,氢氧化钠;i.抗坏血酸钠,CuSO₄,25 ℃;j.抗坏血酸钠,CuSO₄,25 ℃。

3.2.2　反应中间体、DB-1 和 DB-2 的合成步骤

中间体 1 和 2 的合成步骤见 2.2.2。

3.2.2.1　中间体 3 的合成

在氩气保护下,将中间体 2(1.91 g)溶解在干燥的二氯甲烷(250 mL)中,注入 2,4-二甲基吡咯(1.88 g),然后注入 0.1 mL 三氟乙酸,避光室温搅拌 12 小时后,向体系中加入用 30 mL 干燥的二氯甲烷溶解的二氯二氰苯醌(1.13 g)混合液,继续搅拌 7 小时后,在冰浴下将 10 mL 三乙胺滴加到反应体系中,继续搅拌 30 分钟,然后加入三氟化硼乙醚(10 mL),搅拌过夜。减压除去溶剂,加入 200 mL 水,再搅拌 24 小时。反应液用二氯甲烷(3×100 mL)萃取,合并有机相并用无水硫酸钠干燥、过滤、减压除去溶剂,粗产品进行硅胶柱层析(洗脱剂为二氯甲烷:正己烷=1:1,体积比),得到红色固体 300.0 mg,产率为 7.5%。^{1}H-NMR(400 MHz,CDCl$_3$):δ 7.21(d,2 H,J = 8.4 Hz),7.05(d,2H,J = 8.4 Hz),5.98(s,2H),4.21(t,2H,J = 4.4 Hz),3.67(t,2H,J = 4.4 Hz),2.55(s,6H),1.43(s,6H)。熔点 146~148 ℃。高分辨质谱:m/z([C$_{21}$H$_{22}$N$_5$OBF$_2$]$^+$)理论值 409.1885,实测值 409.1859。

3.2.2.2　中间体 B-0 的合成

向中间体 3(200 mg)的 25 mL 无水二氯甲烷溶液中,加入 N-溴代丁二酰亚胺(558 mg),室温搅拌 5 小时后,减压除去溶剂,粗产品经硅胶柱层析(洗脱剂为石油醚:二氯甲烷 = 2:1,体积比),得到红色固体 280.0 mg,产率为 90.4%。^{1}H-NMR(400 MHz,CDCl$_3$):δ 7.18(d,2H,J = 4.4 Hz),7.08(d,2H,J = 8.4 Hz),4.23(t,2H,J = 4.4 Hz),3.69(t,2H,J = 3.6 Hz),2.65(s,6H),1.45(s,6H)。高分辨质谱:m/z([C$_{21}$H$_{20}$N$_5$OBF$_2$I$_2$]$^+$)理论值 660.9819,实测值 660.9866。

3.2.2.3　中间体 4 的合成

向 N-溴代丁二酰亚胺(7.25 g)和 50 mL 乙酸混合物中,滴入 20 mL 乙酸溶

解的 2-甲基噻吩(2.0 g)溶液,室温搅拌 12 小时。然后将反应液倒入石油醚和水的混合物中,萃取有机层,分别用 1 mol·L⁻¹ 氢氧化钠溶液和盐水洗涤,无水硫酸钠干燥,减压除去溶剂,得到黄色油状物 4.67 g,产率为 90.3%。产物无须提纯直接进行下一步反应。

3.2.2.4 中间体 5 的合成

氩气保护下,2-甲基-3,5-二溴噻吩(0.76 g)溶解在 100 mL 三乙胺中,分别加入 Pd(PPh₃)₄(93.0 mg)、碘化亚铜(26.6 mg)后,注入三甲基硅乙炔(0.4 mL),反应液在 45 ℃ 搅拌 7 小时。减压除去溶剂,粗产品进行硅胶柱层析(展开剂为石油醚),得到白色固体 350.0 mg,产率为 45.5%。^{1}H-NMR(400 MHz,CDCl₃):δ 7.02(s,1H),2.36(s,3H),0.23(s,9H)。高分辨质谱:m/z([C₁₀H₁₃SiSBr]⁺)理论值 271.9691,实测值 271.9694。

3.2.2.5 中间体 6 的合成

在氩气保护下,将中间体 5(479 mg)溶解在 25 mL 无水乙醚中,并将反应液冷却至-78 ℃,向反应液中加入正丁基锂(浓度为 1.6 mol·L⁻¹ 的正己烷溶液,2.2 mL)反应 2 小时后,将全氟环戊烯(0.1 mL,0.8 mmol)迅速注入反应瓶中,继续反应 2 h。然后将反应液升至室温继续搅拌 2 小时。加入乙醚 50 mL 稀释反应液,用 1%稀盐酸洗涤,有机相用无水硫酸钠干燥,过滤、浓缩,粗产品进行硅胶柱层析(石油醚为洗脱剂),得到蓝白色固体 250.0 mg,产率 30.0%。^{1}H-NMR(400 MHz,CDCl₃):δ 7.19(s,2H),1.88(s,6H),0.24(s,18H)。高分辨质谱:m/z([C₂₅H₂₆F₆S₂Si₂]⁺)理论值 560.0919,实测值 560.0890。

3.2.2.6 D-1 的合成

将中间体 6(250 mg)溶解在体积比为 4∶1 的甲醇/四氢呋喃的混合溶剂中,然后加入 NaOH(180 mg),反应液室温搅拌 45 分钟后,二氯甲烷萃取反应液,有机层水洗,无水硫酸钠干燥,减压除去溶剂,粗产品进行柱层析分离,得到蓝白色固体 130 mg,产率 70.0%。熔点 94~96 ℃,^{1}H-NMR(400 MHz,CDCl₃):δ 7.24(s,2H),3.36(s,2H),1.89(s,6H)。高分辨质谱:m/z([C₁₉H₁₀F₆S₂]⁺)

理论值 416.0128,实测值 416.0122。

3.2.2.7   目标化合物 DB-1 的合成

氩气保护下,D-1(20.0 mg)和 B-0(66 mg)溶解在混合溶剂 CHCl$_3$/MeOH/H$_2$O(8 mL,6∶1∶1,体积比)中。然后分别加入 CuSO$_4$·5H$_2$O(7.5 mg)和抗坏血酸钠(11.5 mg),在 25 ℃ 下反应 48 小时。反应液水洗,二氯甲烷萃取,有机层用无水硫酸钠干燥,过滤、减压除去溶剂,粗产品进行硅胶柱层析(洗脱剂为 CH$_2$Cl$_2$∶CH$_3$OH = 100∶1,体积比),得到红色固体 40.0 mg,产率为46.6%。熔点为 152~154 ℃,^{1}H-NMR(400 MHz,CDCl$_3$):δ 7.90(s,2H),7.37(s,2H),7.17(d,4H,J = 8.8 Hz),7.04(d,4H,J = 8.8 Hz),4.84(t,4H,J = 4.4 Hz),4.49(t,4H,J = 4.4 Hz),2.63(s,12H),1.98(s,6H),1.40(s,12H)。^{13}C-NMR(100 MHz,CDCl$_3$):158.71,156.82,145.23,141.80,140.88,131.59,131.13,129.43,127.96,125.42,123.50,120.46,115.40,85.71,66.38,49.60,33.69,31.93,24.73,17.24,16.04,14.60。高分辨质谱:m/z([C$_{61}$H$_{50}$N$_{10}$O$_2$B$_2$F$_{10}$I$_4$S$_2$]$^-$)理论值 1737.9765,实测值 1737.9762。

3.2.2.8   目标化合物 DB-2 的合成

氩气保护下,D-1(20.0 mg)和中间体 3(40 mg)溶解在混合溶剂 CHCl$_3$/MeOH/H$_2$O(8 mL,6∶1∶1,体积比)中。然后分别加入 CuSO$_4$·5H$_2$O(7.5 mg)和抗坏血酸钠(11.5 mg),在 25 ℃ 下反应 48 小时。反应液水洗,二氯甲烷萃取,有机层用无水硫酸钠干燥,过滤、减压除去溶剂,粗产品进行硅胶柱层析(洗脱剂为 CH$_2$Cl$_2$∶CH$_3$OH = 100∶1,体积比),得到红色固体 61.3 mg,产率为73.4%。熔点为 142~144 ℃。^{1}H-NMR(400 MHz,CDCl$_3$):δ 7.91(s,2H),7.37(s,2H),7.20(d,4H,J = 8.4 Hz),7.01(d,4H,J = 8.4 Hz),5.98(s,4H),4.84(t,4H,J = 4.0 Hz),4.47(t,4H,J = 4.0 Hz),2.55(s,12H),1.98(s,6H),1.40(s,12H)。^{13}C-NMR(100 MHz,CDCl$_3$):158.41,155.38,143.15,142.16,141.86,141.31,131.80,131.27,129.61,128.34,125.48,123.53,121.33,120.63,115.18,66.41,50.12,33.99,32.05,24.85,22.82,14.77。高分辨质谱:m/z([C$_{61}$H$_{53}$N$_{10}$O$_2$S$_2$B$_2$F$_{10}$-H$^+$]$^-$)理论值 1233.3821,实测值 1233.3868。

3.3 DB-1 和 DB-2 的光物理性质、光化学性质研究

3.3.1 光物理与光化学研究方法

3.3.1.1 光谱测试方法

本章中的测试方法与 2.3.1 相同。闭环体测试时,将浓度为 $1.0×10^{-5}$ mol · L^{-1} 的 DB-1 和 DB-2 的二氯甲烷溶液,预先用光强为 0.7~1.0 W · m^{-2} 的紫外光照射 3~5 分钟到达光稳态,其余测试方法同 2.3.1。

3.3.1.2 荧光量子产率及单重态氧量子产率

闭环体测试:将浓度为 $1.0×10^{-5}$ mol · L^{-1} 的 DB-1 和 DB-2 的二氯甲烷溶液,预先用光强为 0.7~1.0 W · m^{-2} 的紫外光照射 3~5 分钟到达光稳态,其余测试方法同 2.3.1。

3.3.1.3 循环伏安测试

DB-1、DB-2 和 D-1 的电化学测试与计算同 2.3.1,测试溶剂为色谱纯乙腈,测试闭环体前先将开环体用 254 nm 紫外光(光强为 0.7~1.0 W · m^{-2})照射 1~1.5 小时,至样品到达光稳态后再进行电化学测试。

3.3.1.4 光致变色光稳态组成测定

将 DB-1 和 DB-2 配制成浓度为 $1.0×10^{-5}$ mol · L^{-1} 的稀溶液分别放置在多个比色皿中,用 254 nm 紫外灯(光强 0.7~1.0 W · m^{-2})照射 3~5 分钟到达光稳态后,利用高效液相色谱,以水和甲醇为流动相进行展开,根据所测的峰面积得出开环体和闭环体在光稳态的组成。

3.3.1.5 上转换测试方法

DB-1-o:将 DB-1-o 母液与受体苝的母液稀释,放入盛有 3 mL 乙腈的特

制长颈石英比色皿中,测试前通入高纯 N_2,除氧 15 分钟,测试过程中保持氮气保护,用 532 nm 激光器(功率 5 mW)激发混合液,肉眼可观测到三重态-三重态湮灭上转换芘的蓝色荧光,并用荧光仪记录发光信号。

DB-1-c:将上述混合液利用紫外光照射 3~5 分钟,到达光稳态后,去除氧气,用 532 nm 的激光器(功率 5 mW)激发样品,可观测到上转换芘的荧光峰发生淬灭。

可逆性测试:重新配制 DB-1-o 和芘的混合液,测试芘上转换峰,然后经 254 nm 紫外光照射到达光稳态后,用 532 nm 激光器激发样品,记录上转换发光峰;然后用波长大于 400 nm 的可见光照射 4 分钟(DB-1-c 转化为 DB-1-o),记录上转换发光峰。经多次循环,证明光敏剂 DB-1-o 在紫外-可见光作用下上转换是可逆的。

上转换量子产率计算公式如下:

$$\Phi_{UC} = 2\Phi_{FS}\left(\frac{S_2 - S_1}{S_1}\right) \tag{3.1}$$

其中,S_2 为光敏剂完整的上转换发光峰面积,S_1 为光敏剂的发光峰面积,Φ_{FS} 为光敏剂的荧光量子产率。

3.3.1.6 光致变色量子产率测试原理

$$Fe(C_2O_4)_3^{3-} \longrightarrow Fe^{2+} + C_2O_4^{\bullet-} + 2C_2O_4^{2-}$$

$$Fe(C_2O_4)_3^{3-} + C_2O_4^{\bullet-} \longrightarrow Fe^{2+} + 8CO_2$$

在光照下,草酸铁钾分解生成的 Fe^{2+},与邻二氮菲反应生成 $[Fe(phen)_3]^{2+}$($\lambda_{max} = 510$ nm 处,$\varepsilon = 11100$ L·mol^{-1}·cm^{-1}),通过检测不同波长光照前后,$[Fe(phen)_3]^{2+}$ 吸光度变化,计算 Nhv/t。

闭环量子产率:在暗室中,将盛有 3.0 mL 0.006 mol·L^{-1} 草酸铁钾溶液的比色皿,利用 254 nm 紫外光照射 5 分钟,在光照接近结束时,加入 0.5 mL 邻二氮菲的缓冲溶液,然后检测 510 nm 的吸光度值(注:短时间照射以确保少于 10% 的草酸铁钾分解)。另取一个比色皿,加入 3.0 mL 的 1.0×10^{-5} mol·L^{-1} DB-1-o 或 DB-2-o 的溶液,用上述相同光强的紫外光照射 30 秒,立即记录 600 nm 处的吸光度值(用以计算 Φ_x)。

DB-1 和 DB-2 开环量子产率测定与上述步骤相同,所用单色光源通过单色仪获得。254 nm 紫外光和不同波长处单色光的光子通量 Nhv/t,利用式(3.2)和(3.3)计算。

$$M_{Fe^{2+}} = \frac{V_1 \times \Delta A_{510}}{V_2 \times l \times \varepsilon_{510}} \tag{3.2}$$

$$Nhv/t = \frac{M_{Fe^{2+}}}{\Phi_\lambda \times t \times F} \tag{3.3}$$

其中,V_1 为加入邻二氮菲缓冲溶液后的体积,V_2 为照射体积,l 为光路长度,ΔA 为样品在 510 nm 处照射前后的吸光度差值,ε 为络合物 $[Fe(phen)_3]^{2+}$ 的摩尔吸光系数(在 $\lambda_{max} = 510$ nm 处,$\varepsilon = 11100$ L·mol^{-1}·cm^{-1}),t 为照射时间,$F = 1-10^{-A}$。

开环量子产率和闭环量子产率根据以下公式计算:

$$\Phi_x = \frac{A_x}{(Nhv/t) \times \varepsilon_x \times t_x \times F_x} \tag{3.4}$$

式中,A_x 为照射前后样品的吸光度变化,ε_x 为闭环体最大吸收处的摩尔吸光系数,Φ_x 为照射波长处的量子产率,t_x 为照射时间。

3.3.2 结果与讨论

3.3.2.1 DB-1 和 DB-2 的稳态光谱

图 3.3 为 DB-1 和 DB-2 的紫外吸收光谱,对照化合物 D-1 最大吸收位于 261 nm 处,不存在长波长处的闭环体吸收;DB-1 最大吸收峰位于 535 nm,该吸收归属为 2,6-二碘代氟硼吡咯,在 268 nm 处出现与 D-1 相类似的吸收,归属为二噻吩乙烯开环体的吸收峰。DB-1 的紫外吸收光谱与对照化合物 B-0 类似,但其摩尔吸光系数是 B-0 的近两倍。对照化合物 DB-2,没有碘原子取代,其最大吸收发生蓝移(至 502 nm),从图中可以看出,DB-1 和 DB-2 分别体现了氟硼吡咯和二噻吩乙烯开环体两部分的吸收,说明二者在基态没有显著的电子相互作用。

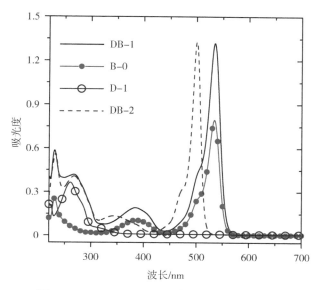

图 3.3　DB-1,DB-2,D-1 和 B-0 的紫外吸收光谱

注:溶剂为二氯甲烷,浓度为 $1.0×10^{-5}$ mol·L^{-1},20 ℃。

图 3.4 为 D-1、DB-1 和 DB-2 在紫外光照射下 3 分钟,达到光稳态 (photostationary state,PSS) 的紫外吸收光谱。在 254 nm 紫外光照射下,位于 268 nm 处吸收逐渐减弱,同时在 600 nm 处产生新的宽吸收峰,如图 3.4(a) 所示,归属为闭环体(DTE-c) 的吸收。

开环体到闭环体(DTE-o→DTE-c) 光环化反应是可逆的,如图 3.4(b) 所示,用闭环体最大吸收处的单色光(600 nm) 照射后,600 nm 处闭环体的吸收峰逐渐消失,同时 268 nm 处吸收峰完全复原,而 DTE 在 535 nm 处的吸收,在光反应过程中一直没有发生变化,表明 DB-1 中的氟硼吡咯部分具有较好的光稳定性;DB-2 得到了相同的结果。分别以 254 nm 紫外光照射 DB-1 和 DB-2 的溶液,3 分钟左右达到光稳态时,根据高效液相色谱计算出开环体到闭环体 (DTE-o→DTE-c) 的转化率分别为 85.2% 和 92.7%。

选取 DB-1 中双碘代氟硼吡咯(λ_{max} =535 nm) 和二噻吩乙烯闭环体(λ_{max} = 600 nm) 最大吸收波长的单色光,对闭环体样品进行照射,由于存在从氟硼吡咯到二噻吩乙烯闭环体的单重态能量转移,当用 535 nm 单色光照射时,开环速度大于 600 nm 单色光照射开环速度,如图 3.4(c)所示;对于 DB-2 也观察到相同结果,502 nm 的单色光照射时开环速度加快,如图 3.4(f)所示。根据草酸铁钾化学光度法,测定 DB-1 的闭环量子产率 $\Phi_{o \to c}$ 为 0.32,开环量子产率 $\Phi_{c \to o}$ 为 0.032;DB-2 的闭环量子产率 $\Phi_{o \to c}$ 为 0.37,开环量子产率 $\Phi_{c \to o}$ 为 0.043,两个化合物的闭环量子产率均高于开环量子产率。

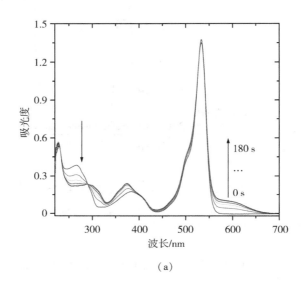

(a)

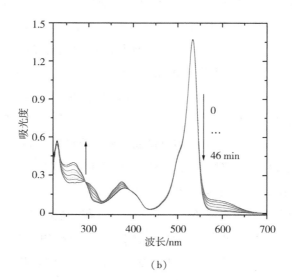

(b)

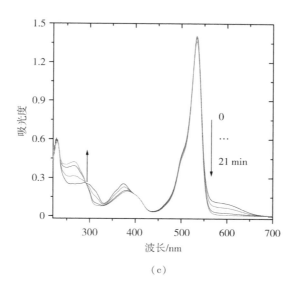

（c）

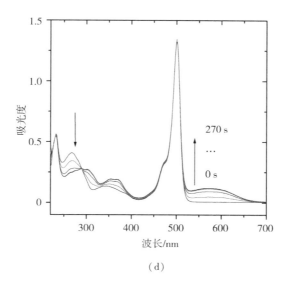

（d）

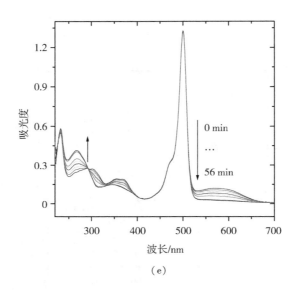

（e）

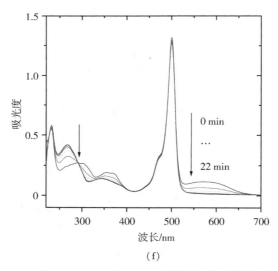

（f）

图 3.4　DB-1 和 DB-2 的紫外可见吸收光谱

注：DB-1：（a）利用 $\lambda_{irr} = 254$ nm（光强为 $0.7 \sim 1.0$ W·m^{-2}）的紫外光照射，

（b）和（c）照射波长分别为 600 nm 和 535 nm（光强为 $2.0 \sim 2.4$ W·m^{-2}）；

DB-2：（d）利用 $\lambda_{irr} = 254$ nm（光强为 $0.7 \sim 1.0$ W·m^{-2}）的紫外光照射，

（e）和（f）照射波长分别为 570 nm 和 502 nm（光强为 $2.0 \sim 2.4$ W·m^{-2}）；

溶剂为二氯甲烷，浓度为 1.0×10^{-5} mol·L^{-1}，20 ℃。

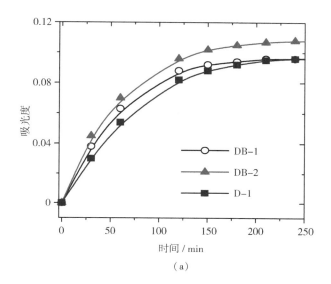

（a）

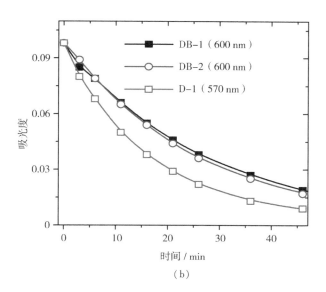

（b）

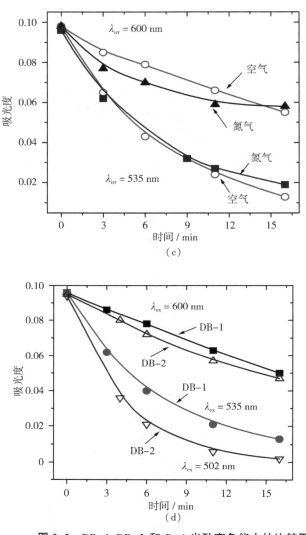

图 3.5   DB-1,DB-2 和 D-1 光致变色能力的比较图

注:(a)利用 254 nm 紫外光照射,光强 0.7~1.0 W·m⁻²,在 254 nm 处 $A_{DB-1}=0.40$,$A_{DB-2}=0.35$,$A_{D-1}=0.33$;

(b)DB-1-c 和 DB-2-c 样品先用 254 nm 紫外光照射到达光稳态后,再用 600 nm(2.0~2.4 W·m⁻²)光照;

D-1-c 以 570 nm 单色光照射,且最大吸收波长处 $A_{DB-1}=A_{DB-2}=A_{D-1}=0.98$;

(c)紫外光照射到达光稳态后,分别以 600 nm 和 535 nm 单色光照射,

在氮气和空气下监测 600 nm 处吸光度变化图;

(d)DB-1 紫外光照射后,分别以 600 nm 和 535 nm 单色光照射;DB-2 以 600 nm 和 502 nm 单色光照射,

分别监测 600 nm 处吸光度随时间变化图,溶剂为二氯甲烷,20 ℃。

对紫外光照射发生的开环体到闭环体的转化（DTE-o→DTE-c）反应进行了动力学研究，如图3.5（a）所示，DB-1、DB-2和D-1的闭环反应，经拟合速率常数分别为 1.1×10^{-3} s^{-1}，1.2×10^{-3} s^{-1} 和 9.0×10^{-4} s^{-1}，没有明显差别。以上结果说明，DB-1中闭环反应经由二噻吩乙烯开环体单重激发态（^{1}DTE-o），主要原因是如果反应发生在二噻吩乙烯的三重态，二噻吩乙烯开环体的三重态能级（1.97 eV）高于碘代氟硼吡咯的三重态能级（1.52 eV），氟硼吡咯的三重态会淬灭二噻吩乙烯的三重态，从而导致光环化反应速率减慢，而反应发生在单重激发态时则无影响。

图3.5（b）为DB-1、DB-2和D-1的闭环体到开环体（DTE-c→DTE-o）转化的动力学曲线，这些化合物的开环反应速率常数通常都小于闭环反应，根据DB-1，DB-2和D-1动力学曲线，拟合得到速率常数分别为 5.33×10^{-5} s^{-1}，5.33×10^{-5} s^{-1} 和 8.33×10^{-5} s^{-1}，化合物D-1速率常数稍大于DB-1和DB-2。

选取碘代氟硼吡咯和氟硼吡咯最大吸收峰处单色光照射样品，图3.5（c）和图3.5（d）试验结果表明，开环速度大大加快且对氧气不敏感，说明开环反应并不是碘代氟硼吡咯三重态敏化的结果，开环反应发生在单重激发态，否则在氧气存在条件下光反应不能发生。由以上结果可推断，在光调控下，发生了以氟硼吡咯/碘代氟硼吡咯作为能量给体，二噻吩乙烯闭环体作为能量受体，单重态能量转移而导致的开环反应。

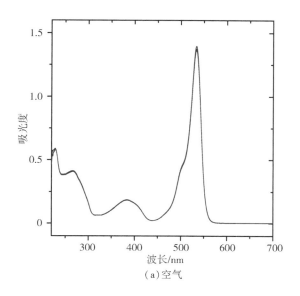

（a）空气

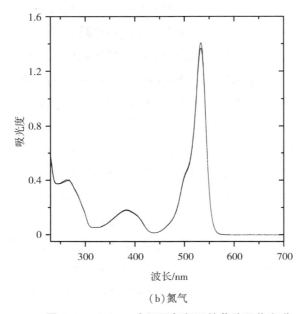

（b）氮气

图 3.6 DB-1-o 在不同气氛下的紫外吸收光谱

注:溶剂为二氯甲烷,$\lambda_{irr} = 535$ nm,$c = 1.0 \times 10^{-5}$ mol·L^{-1},20 ℃。

为了进一步考察激发碘代氟硼吡咯部分是否可以发生二噻吩乙烯开环体到闭环体的转化,在空气和氮气的条件下,分别以碘代氟硼吡咯最大吸收处 535 nm 光照射为样品,从图 3.6(a)和 3.6(b)可以看出,并没有闭环体(DB-1-c)在 600 nm 处的特征吸收,闭环反应不能被碘代氟硼吡咯敏化,进一步说明碘代氟硼吡咯的三重态能级和单重态能级均比二噻吩乙烯开环体低,与上述图 3.5 中的测试结果一致。因此,DB-1 开环体中的氟硼吡咯部分与二噻吩乙烯部分的光化学性质不会相互影响,与以往报道中 Ru(Ⅱ)和 Os(Ⅲ)化合物的金属到配体电荷转移三重态敏化光环化作用截然不同。

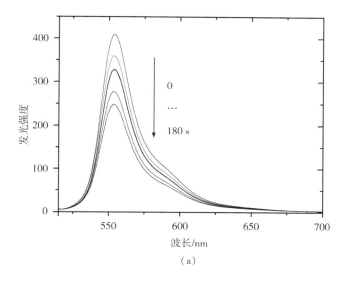

（a）

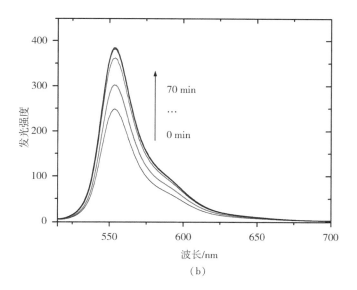

（b）

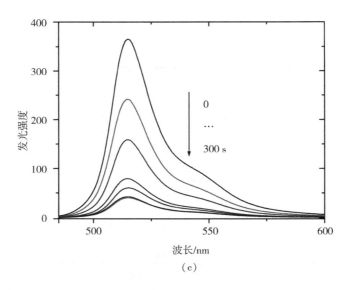

（c）

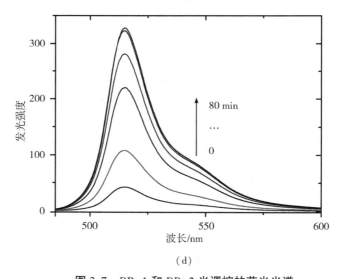

（d）

图 3.7 DB-1 和 DB-2 光调控的荧光光谱

注:DB-1-o(a)和 DB-2-o(c)在紫外光照射后发光变化图;

DB-1-c(λ_{ex}=510 nm)(b)和 DB-2-c(λ_{ex}=480 nm)(d)

分别用 600 nm 单色光照射后发光变化图,溶剂为二氯甲烷,浓度为 1.0×10^{-5} mol · L^{-1},20 ℃。

如图 3.7(a)所示,在 254 nm 紫外光的照射下,DB-1 中碘代氟硼吡咯位于 553 nm 处的发光强度逐渐减弱;这一过程是可逆的,在波长为 600 nm 单色光照射下,随着开环反应的不断进行,553 nm 处的发光峰逐渐恢复,如图 3.7(b)所示。同样,DB-2 也具有在紫外光和可见光照射下的发光可调控性,如图 3.7 (c)和图 3.7(d)所示。利用发光峰强度计算出 DB-1 的荧光淬灭到原强度的 61.0%,而 DB-2 淬灭到原来的 11.6%,说明 DB-2 对荧光调控能力高于 DB-1。两个化合物对荧光的调控能力的不同,一方面原因可能是在光稳态组成中 DB-1 和 DB-2 存在一定差别;另一方面原因可能是在 DB-1 中氟硼吡咯部分(荧光寿命为 0.31 ns)比 DB-2(荧光寿命为 4.24 ns)发光寿命短,寿命越短则第一单重激发态(S$_1$ 态)越容易以荧光发射的形式消耗其能量,与其相竞争的单重态能量转移很难与荧光发射相竞争,发光强度变化较小;DB-2 则相反,由于较长的发光寿命,单重态能量转移(导致氟硼吡咯发光淬灭)能够与荧光发射相竞争,因而荧光调控能力较为明显。

为了进一步从理论角度证明系间穿越与单重态能量转移的竞争关系,根据 2,6-二碘代氟硼吡咯的荧光淬灭及荧光寿命数据,利用如下公式可以计算出 DB-1 的单重态能量转移的速率常数:

$$K_{EnT} = \left[\frac{\Phi_{PL}}{\Phi_{PL(DB-1-c)}} - 1\right] / \tau_0 \qquad (3.5)$$

其中,k_{EnT} 代表能量转移速率常数,Φ_{PL} 为 2,6-二碘代氟硼吡咯荧光量子产率(4.7%),$\Phi_{PL(DB-1-c)}$ 是 DB-1 闭环体分子中的碘代氟硼吡咯的荧光量子率(1.6%),τ_0 为 2,6-二碘代氟硼吡咯的荧光寿命(0.32 ns)。计算得到能量转移速率常数为 $6.1 \times 10^9 \text{ s}^{-1}$,而 2,6-二碘代氟硼吡咯系间穿越速率常数为 $7.87 \times 10^9 \text{ s}^{-1}$,大于单重态能量转移速率常数,因此能量转移很难有效地与系间穿越竞争,在 DB-1 闭环体中可以达到三重态有效布居。

为了证实以上解释的合理性,以同样方法计算 DB-2 闭环体能量转移速率常数为(k_{EnT})为 $1.1 \times 10^9 \text{ s}^{-1}$。与 DB-1 闭环体相比略有减小,这主要是由于 DB-2 闭环体中氟硼吡咯的发光光谱与二噻吩乙烯闭环体的吸收光谱交叠部分相对较小,导致能量转移效率低于 DB-1 闭环体。

3.3.2.2　DB-1 和 DB-2 光诱导电子转移可能性研究

进一步验证分子中是否存在较明显的光诱导电子转移,将目标化合物 DB-

1 和 DB-2 分别与对照化合物的发光光谱进行比较,首先确保在激发波长处样品的吸光度相同,如图 3.8 所示,DB-1-o 和 B-0 发光强度相近,推断出 DB-1-o 不存在明显的光诱导电子转移;同样对于 DB-2 也观察到了类似的结果。

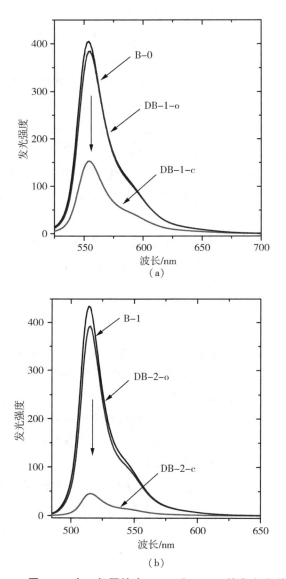

（a）

（b）

图 3.8　在二氯甲烷中 DB-1 和 DB-2 的发光光谱

注:(a)B-0,DB-1-o 和 DB-1-c(激发波长为 510 nm,在激发波长处样品的吸光度相同 $A=0.56$);

(b)B-1,DB-2-o 和 DB-2-c(激发波长为 480 nm,$A=0.32$),20 ℃。

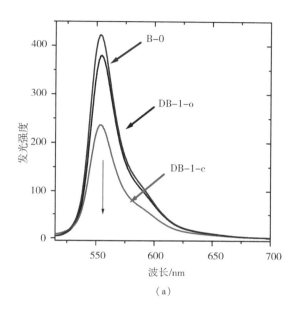

（a）

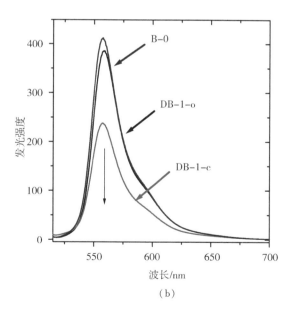

（b）

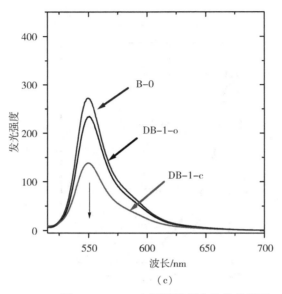

（c）

图 3.9　DB-1 在不同溶剂中的发光光谱

注：（a）二氯甲烷为溶剂，激发波长为 510 nm，$A_{510}=0.57$，发光峰强度比值 $I_{B-0}/I_{DB-1-c}=1.78$；

　　（b）甲苯为溶剂，激发波长为 510 nm，$A_{510}=0.57$，$I_{B-0}/I_{DB-1-c}=1.73$；

　　（c）乙腈为溶剂，$A_{510}=0.58$，$I_{B-0}/I_{DB-1-c}=1.94$；溶液浓度略有不同，20 ℃。

如图 3.9 所示，分别比较了 B-0，DB-1-o 和 DB-1-c 在不同极性溶剂中的发光光谱，保证三个样品在激发波长 510 nm 处具有相同的吸光度，然后对发光强度做比值，经计算在不同溶剂中比值大致相同，说明溶剂极性的变化对发光影响很小，可以推断出 DB-1-c 不存在明显的分子内电子转移。

表 3.1　DB-1，DB-2，D-1，B-0 和 B-1 的电化学数据

化合物	氧化电位/V		还原电位/V	
	Ⅰ	Ⅱ	Ⅰ	Ⅱ
B-0	+0.96	—	-1.23	—
B-1	+0.84	—	-1.48	—
D-1-o	+0.35	—	-1.15	—
D-1-c	+0.87	—	-1.19	-1.54

续表

化合物	氧化电位/V		还原电位/V	
	Ⅰ	Ⅱ	Ⅰ	Ⅱ
DB-1-o	+0.88	—	-1.27	-1.91
DB-1-c	+0.55	+0.98	-1.27	-1.40
DB-2-o	+0.83	—	-1.51	-1.96
DB-2-c	+0.54	+0.78	-1.38	-1.55

注:以四丁基六氟磷酸铵(Bu$_4$NPF$_6$)的二氯甲烷溶液为支持电解质(0.1 mol·L^{-1}),室温下测试,扫描速度为50 mV·s^{-1},以二茂铁作为内标,用半波电位表示实际电位。

如图3.10所示,DB-1-o 中电位为-1.91 V 的不可逆还原峰归属为 DTE-o;在-1.27 V 处可逆还原峰归属为 2,6-二碘代氟硼吡咯,位于+0.88 V 处为 2,6-二碘代氟硼吡咯的可逆氧化峰;DB-1-c 的不可逆还原峰为 -1.40 V 和-1.74 V。观察到了电位为+0.55 V 的 DTE-o 的氧化峰。根据表 3-1 数据,计算了 DB-1-c 的电子转移发生在三重态的吉布斯自由能变化,当以 B-0 作为电子受体,$\Delta G_{CS} = 0.55 - (-1.27) - 1.52 - 0.02 = +0.28$ eV;当以 B-0 作为电子给体,$\Delta G_{CS} = 0.98 - (-1.40) - 1.52 - 0.02 = +0.84$ eV。因此, DB-1-c 在三重态是不可能发生光诱导电子转移的。

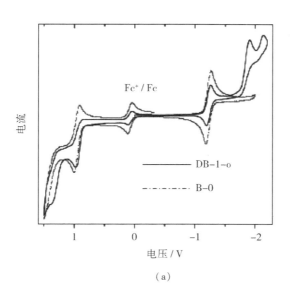

(a)

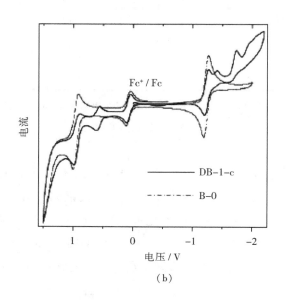

（b）

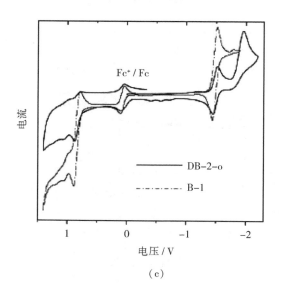

（c）

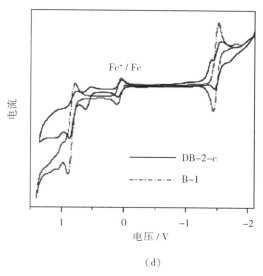

（d）

图 3.10　DB-1,DB-2,B-0 和 B-1 的循环伏安曲线

注：(a)B-0 和 DB-1-o 浓度分别为 $1.0×10^{-3}$ mol·L^{-1} 和 $5.0×10^{-4}$ mol·L^{-1}；

　　(b)B-0 和 DB-1-c 浓度分别为 $1.0×10^{-3}$ mol·L^{-1} 和 $5×10^{-4}$ mol·L^{-1}；

　　(c)B-1 和 DB-2-o 浓度分别为 $5.0×10^{-4}$ mol·L^{-1} 和 $1.0×10^{-3}$ mol·L^{-1}，

(d)B-1 和 DB-2-c 浓度分别为 $5.0×10^{-4}$ mol·L^{-1} 和 $1.0×10^{-3}$ mol·L^{-1}；以 0.10 mol·L^{-1} Bu_4NPF_6

为支持电解质,Ag/$AgNO_3$ 为参比电极,扫描速度为 50 mV·s^{-1},二茂铁(Fc)为内标,溶剂为乙腈,20 ℃。

3.3.2.3　瞬态吸收光谱测试及密度泛函理论量化计算对三重态进行归属

　　为了探讨三元化合物对三重态的调控作用,在 535 nm 激光激发下 DB-1-o 在 530 nm 处出现了基态漂白峰,同时观察到了 450 nm 和 550~750 nm 处的三重态吸收峰,三重态寿命为 105.1 μs,与 B-0($τ_T$ 为 106.4 μs)瞬态吸收结果相似说明 DB-1-o 的三重态位于 2,6-二碘代氟硼吡咯部分;在波长为 535 nm 光激发下并没有观察到 DB-1-o 发生光环化反应(图 3.11),以上结果说明 2,6-二碘代氟硼吡咯的 T_1 态能级(1.52 eV)低于 DTE-o 的 T_1 态能级(1.97 eV),2,6-二碘代氟硼吡咯的三重态不能被 DTE-o 三重态淬灭。DB-1-o 的三重态寿命与 B-0 相似,这也进一步说明了 DB-1-o 处于三重态时电子转移不明显,与电化学测试结果相吻合。

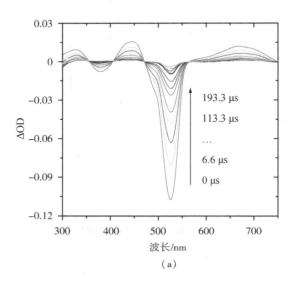

（a）

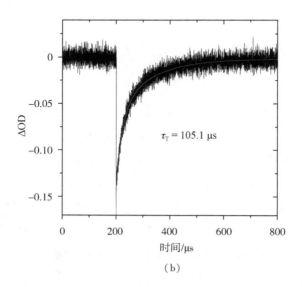

（b）

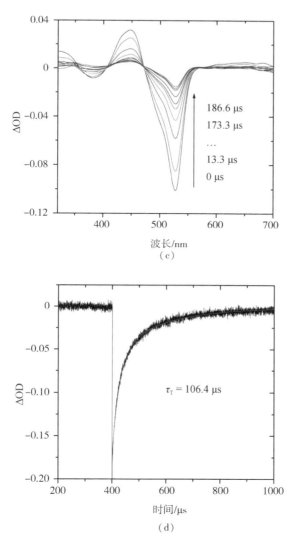

图 3.11 化合物 DB-1-o 和 B-0 纳秒瞬态吸收光谱

注:(a)和(c)分别为 DB-1-o 和 B-0 的瞬态吸收光谱图;

(b)和(d)分别为 DB-1-o 和 B-0 在 530 nm 处的寿命衰减曲线;

溶剂为乙腈,浓度为 1.0×10^{-5} mol·L^{-1},20 ℃。

图 3.12 为 DB-1-c 的瞬态吸收光谱,在 535 nm 光激发下会发生闭环体到开环体(DTE-c→DTE-o)的转化,为了尽量避免开环反应的发生,选用光谱模式检测器减少对样品的光照时间。在 535 nm 光激发下,波长在 528 nm 处出现

基态漂白峰,同样在 455 nm 和 550~750 nm 出现三重态吸收,与图 3.11(c)三重态吸收峰位置大致相同,此三重态信号归属为 2,6-二碘代氟硼吡咯。与 B-0 和 DB-1-o 三重态寿命(分别为 106.4 μs 和 105.1 μs)相比,DB-1-c 三重态寿命(40.9 μs)明显减小;当选用二氯甲烷为溶剂也得到了相似的结果,DB-1-o 和 DB-1-c 三重态寿命分别为 144.5 μs 和 42.3 μs。

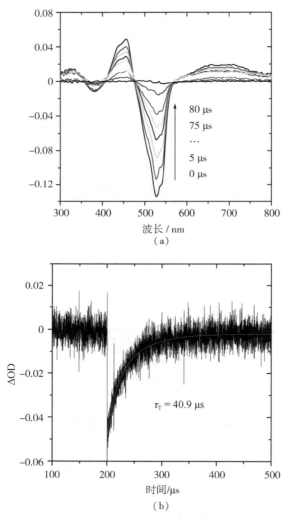

图 3.12 DB-1-c 在乙腈中的纳秒瞬态吸收光谱

注:(a)以光谱模式检测器测得的瞬态吸收光谱;

(b)535 nm 处的寿命衰减曲线,溶剂为乙腈,浓度为 1.0×10^{-5} mol·L^{-1},20 ℃。

通过上述的光谱及电化学测试可知,DB-1-c 的光诱导电子转移并不明显,但闭环体三重态寿命发生淬灭,可能是存在一个寿命更短的二噻吩乙烯闭环体的三重态(^{3}DTE-c),其衰减速度极快(寿命一般小于 10 ns),超出了纳秒瞬态吸收光谱仪的响应范围,它的存在淬灭了氟硼吡咯的三重态寿命。

3.3.2.4 密度泛函理论计算

为了从理论上验证 DB-1-o 和 DB-1-c 的三重态的分布,分别计算了它们的自旋密度分布。从图 3.13 可以看出,DB-1-o 自旋密度完全集中在 2,6-二碘代氟硼吡咯部分,DTE-o 对自旋密度分布没有贡献,说明三重态主要位于碘代氟硼吡咯部分,DB-1-c 经优化后,构型虽然发生明显变化,但自旋密度也完全定位于 2,6-二碘代氟硼吡咯部分,这与瞬态吸收光谱测试结果一致。

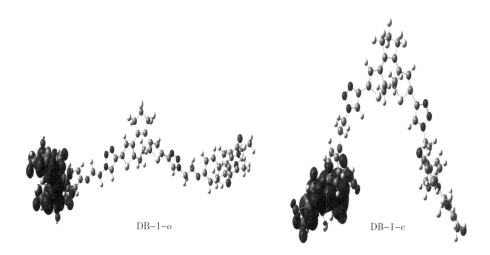

DB-1-o   DB-1-c

图 3.13 开环体(DB-1-o)和闭环体(DB-1-c)自旋密度分布图

注:溶剂为二氯甲烷,泛函和基组为 CAM-B3LYP/6-31G(d)/genecp。

表 3.2 为本章化合物的光物理性质。

表 3.2　DB-1,DB-2,B-0 和 D-1 的光物理性质

化合物	λ_{abs}/nm	ε/(L·mol⁻¹·cm⁻¹)	λ_{em}/nm	τ_T/μs	Φ_Δ/%		Φ/%		τ/ns	
					开环体	闭环体	开环体	闭环体	开环体	闭环体
DB-1	535	1.32	553	105.1^k/40.9^l	87.6	36.9	3.0	1.6	0.31	—
DB-2	502	1.25	515	—	—	—	80.5	14.3	4.24	3.67
B-0	534	0.80	553	106.4	—	—	4.7	—	0.32	—
D-1	261	0.36	—	—	—	—	—	—	—	—

注:DB-1,DB-2,B-0 的激发波长分别为 510 nm,480 nm,510 nm(1.0 ×10⁻⁵ mol·L⁻¹,20 ℃)。λ_{abs} 为最大吸收波长,ε 为摩尔吸光系数(二氯甲烷为溶剂),λ_{em} 为荧光发射波长,τ 为荧光寿命,τ_T 为三重态寿命,Φ_Δ 为单重态氧量子产率(¹O₂),以 B-2 为标准物(Φ_Δ = 0.83),λ_{ex} = 500 nm,Φ 为荧光量子产率,DB-1 和 B-0 以 B-2(在乙腈中测得荧光量子产率为 0.027)为标准物,DB-2 以 B-1(在四氢呋喃中测得荧光量子产率为 0.72)为标准物,—为未测定;^{k} 代表 DB-1-o 在除氧乙腈中的三重态寿命;^{l} 代表 DB-1-c 在除氧乙腈中的三重态寿命。

3.4　三重态光敏剂 **DB-1** 和 **DB-2** 的应用性能研究

3.4.1　光调控敏化剂 **DB-1** 敏化单重态氧

为了进一步扩展光调控的三重态光敏剂的应用范围,以 1,3-二苯基异苯并呋喃(DPBF)为单重态氧捕获剂,通过检测其在 414 nm 处的紫外吸收变化来监测产生单重态氧的能力,如图 3.14(a)所示。如图 3.14(b)和 3.14(c)所示,DB-1-o 紫外光谱变化显著,DB-1-c 几乎没有变化,这与 DB-1-o 和 DB-1-c 单重态氧量子产率分别为 87.6% 和 36.9% 相一致,以上结果说明 DB-1 在紫外光作用下,由开环体到闭环体的转化过程中,其敏化单重态氧的能力由高到低变化,这一点与以往只具有不变的敏化单重态氧能力的三重态光敏剂截然不同。

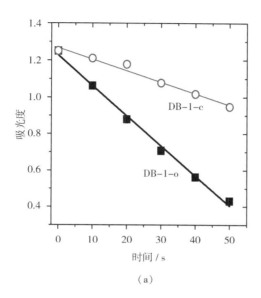

（a）

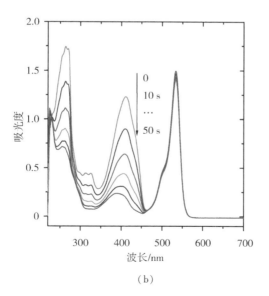

（b）

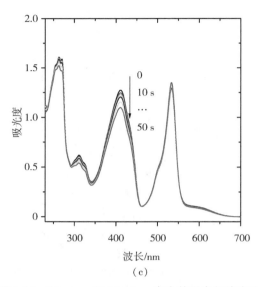

图 3.14 DB-1-o 和 DB-1-c 产生单重态氧能力比较图

注:(a)414 nm 处吸光度随时间变化曲线;

(b)DB-1-o 氧化 DPBF 紫外吸收变化图;

(c)DB-1-c 氧化 DPBF 紫外吸收变化图;激发波长为 500 nm,溶剂为二氯甲烷,

浓度为 1.0×10^{-5} mol·L^{-1},20 ℃(斜率大的直线表明敏化单重态氧产率高)。

通过对 DB-1 光物理性质的研究,将 DB-1 的光物理过程总结如下(图 3.15),DB-1-o 在 268 nm 紫外光激发下,发生极快的 DTE-o 到 DTE-c 转化(皮秒级),速度远远大于从 DTE-o 到 2,6-二碘代氟硼吡咯的单重态能量转移速度(因为二者间光谱交叠很弱)。当用 535 nm 激发光激发 DB-1-o 中碘代氟硼吡咯部分,经系间穿越到达氟硼吡咯的三重激发态,而碘代氟硼吡咯的 T_1 态能级低于 DTE-o 的 T_1 态能级,因而氟硼吡咯的三重态并不受 DTE-o 的干扰,三重态最终定位于碘代氟硼吡咯单元。从 DB-1-o 和 B-0 瞬态吸收光谱图可以看出,二者具有相似的三重态性质,证实该推断的正确性。

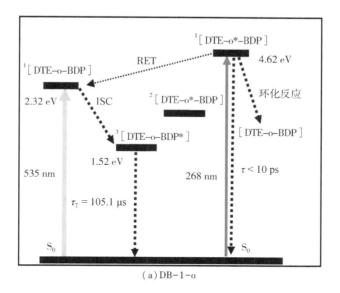

（a）DB-1-o

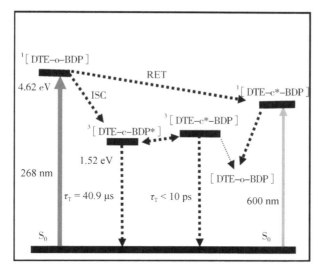

（b）DB-1-c

图 3.15　DB-1-o 和 DB-1-c 简化的雅布隆斯基图

　　与 DB-1-o 相比，DB-1-c 的三重态和单重态能级发生明显的变化，光物理
过程也随之变化，如图 3.15 所示。在闭环体中同时发生碘代氟硼吡咯的系间
穿越和单重态能量转移两种相互竞争的光物理过程，当用 535 nm 激发光激发

DB-1-c，开环速度明显加快，证实了氟硼吡咯到 DTE-c 单重态能量转移的存在。DB-1-c 的三重态位于碘代氟硼吡咯部分，其三重态寿命（40.9 μs）远小于 DB-1-o（105.1 μs）和 B-2（106.4 μs），可能是由于存在³DTE-c（寿命小于 10 ns），其能级与碘代氟硼吡咯很相近导致了寿命的淬灭。

3.4.2　光调控三重态-三重态湮灭上转换

如图 3.16 所示，DB-1-o 作为三重态光敏剂，以芘为受体，选用 532 nm 激光器作为激发光源，观察到了 470 nm 处的强上转换发射峰，上转换量子产率为 11.6%。在 254 nm 紫外光照射下，上转换发光强度随着照射时间的延长而逐渐淬灭，达到光稳态时上转化量子产率减小至 0.67%，主要是由于经光照后产生 DB-1-c，其三重态寿命及三重态量子产率与 DB-1-o 相比显著降低。同时，由于存在能量转移，DB-1 在 553 nm 处的荧光发射强度也随着上转换发光峰的变化而变化，如图 3.16（a）和（b）所示。该上转换过程是可逆的，在可见光照射下随着 DB-1-o 分子的浓度增加，上转换发光峰强度和氟硼吡咯的发光峰进一步恢复，如图 3.16（b）所示。该可逆过程可以循环大于 5 次，在多次循环中上转换发光强度仅有少量损失。

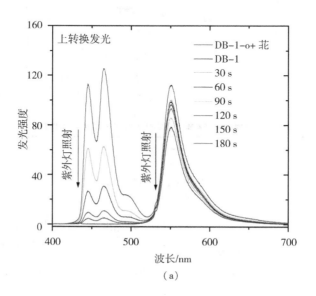

（a）

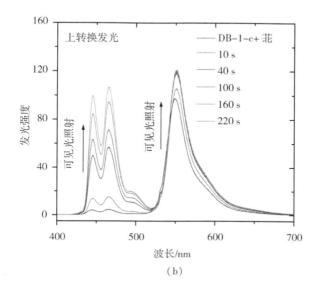

（b）

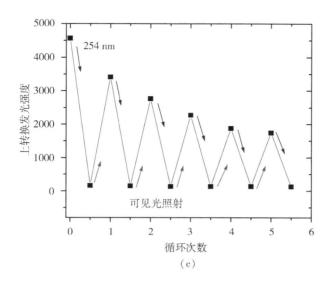

（c）

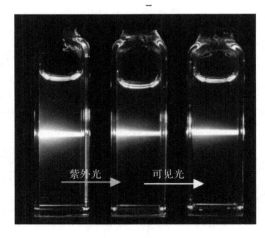

（d）

图 3.16　DB-1 为三重态光敏剂和以苝为受体三重态–三重态湮灭上转换

注：（a）在 254 nm 紫外光照射下，DB-1-o 上转换淬灭图；

（b）在可见光（λ>400 nm）照射下上转换发光峰恢复图；

（c）分别在紫外光与可见光照射下上转换过程可逆图；

（d）光调控的三重态–三重态湮灭上转换照片；DB-1 的浓度为 1.0×10^{-5} mol·L^{-1}，

苝的浓度为 1.0×10^{-4} mol·L^{-1}，溶剂为乙腈，l_{ex} = 532 nm，20 ℃。

3.5　本章小结

根据 DTE-o 的三重态能级（1.96 eV）远高于 2,6-二碘代氟硼吡咯的三重态能级（1.52 eV），因而 2,6-二碘代氟硼吡咯的三重态不能被 DTE-o 淬灭，而 DTE-c 的三重态能级较低，能够淬灭 2,6-二碘代氟硼吡咯的三重态，设计合成了光调控的有机三重态光敏剂——DTE-2,6-二碘代氟硼吡咯的三元化合物 DB-1。通过光引发产生的共振能量转移，即由 2,6-二碘代氟硼吡咯（能量给体）到 DTE-c（能量受体），利用碘代氟硼吡咯的能量转移与自身系间穿越相竞争的关系而实现光调控三重态的产生。

通过稳态、瞬态光谱测试研究了三元化合物的光物理性质。经 254 nm 紫外光照射，产生 600 nm 处的闭环体的吸收，氟硼吡咯的发光被淬灭，三重态寿命也由 105.1 μs 淬灭至 40.9 μs。经可见光照射后发生开环反应，且以氟硼吡咯的最大吸收 535 nm 处为照射波长,开环速度大于以 600 nm 单色光(DTE-c 的最大吸收)照射的开环速度;经测定,单重态氧量子产率随着紫外光照射,由光照前的 87.6% 减小至光稳态时的 36.9%。将 DB-1 三重态的可调控性应用到光氧化 1,3-二苯基异苯并呋喃和三重态-三重态湮灭上转换中,实现了可逆的光调控上转换。

4 基于1,8-萘酰亚胺和2-(2-羟基苯基)苯并噻唑不含重原子的三重态光敏剂的合成与性质研究

4.1 分子设计

如前文所述,三重态的产生具有一定的不可预测性,因而通常在分子中引入重原子以获得三重态。在激发态分子内质子转移过程中,可以产生顺式酮式三重激发态,利用这一性质将会为获得不含重原子的三重激发态开辟新的途径,本章着眼于激发态分子内质子转移产生的顺式酮式三重态进行了相关研究。

1,8-萘酰亚胺(NI)是一个性能优异的荧光团,本章将1,8-萘酰亚胺与2-(2-羟基苯基)苯并噻唑(HBT)通过炔键以共轭方式连接,设计合成了N-1~N-4,如图4.1所示,共轭连接利于两部分发生电子相互作用,一方面通过扩大共轭体系,使其吸收波长发生红移;另一方面参照本课题组和以往研究结果,该种连接方式在光激发下,可能产生长寿命的顺式酮式三重激发态。基于以上两点设计了分子N-1,为了进一步研究扩大共轭体系对三重态的产生和激发态分子内质子转移的影响,将咔唑引入到1,8-萘酰亚胺和2-(2-羟基苯基)苯并噻唑中间,设计了化合物N-4;同时还设计了对照化合物N-2和N-3,其中N-3是将酚羟基进行烷基化,去除激发态分子内质子转移的对照化合物。

以5-溴水杨醛为起始原料,利用Pd(0)催化的Sonogashira偶联反应向2-(2-羟基苯基)苯并噻唑中引入炔基,然后与5-溴萘酰亚胺发生Sonogashira偶联反应得到目标产物。为了进一步延长吸收波长,将咔唑连接到1,8-萘酰亚胺和2-(2-羟基苯基)苯并噻唑中间,考察扩大共轭体系后对激发态分子内质子

转移的影响,分子结构见合成路线,如图4.1所示。

4.2 中间体及目标化合物的合成

4.2.1 表征手段与测试仪器

试验中所用有机溶剂均为市售的分析纯,除乙醚和四氢呋喃在使用前经蒸馏处理外,其余均直接使用。合成反应过程中所用试剂,未经进一步纯化处理;柱色谱以200~300目硅胶粉作为固定相;无水反应中所用的有机溶剂,采用活化的4 Å分子筛预先除水,无氧操作使用惰性气体,氩气纯度为99.999%。光谱测试中所用溶剂如二氯甲烷等均为色谱纯,测试中的除氧操作所使用的惰性气体氮气的纯度为99.999%。

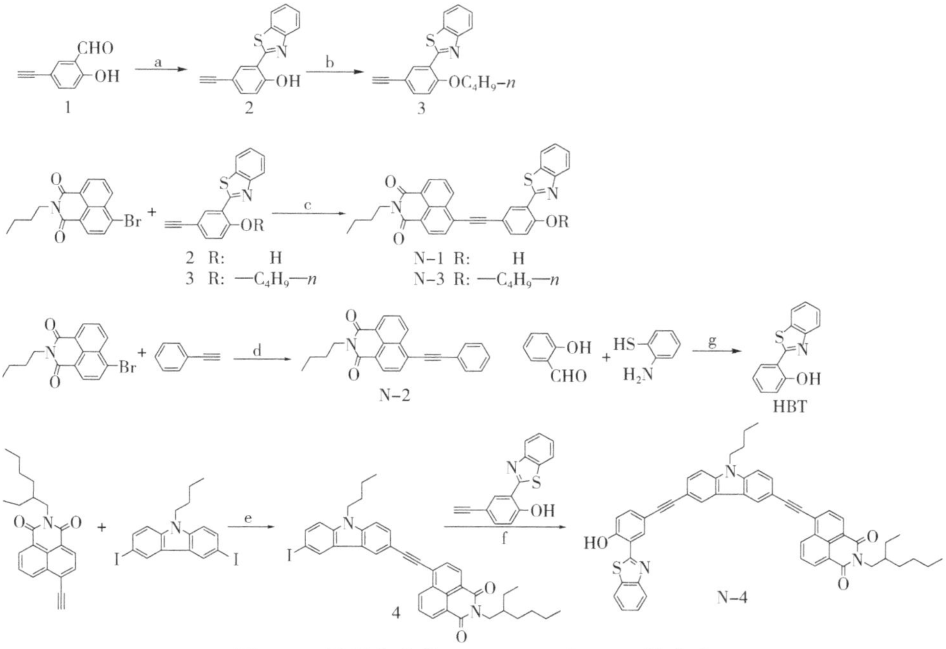

图4.1 目标化合物 N-1~N-4 和 HBT 的合成

注:a 为 2-氨基苯硫酚;b 为正丁基溴,K_2CO_3,DMF;c 为 Pd(PPh_3)$_2Cl_2$,回流 6 h;

d 为 Pd(PPh_3)$_2Cl_2$,回流 6 小时;e 为 Pd(PPh_3)$_2Cl_2$,回流 8 小时;

f 为 Pd(PPh_3)$_4$,回流 8 小时;g 为 2-氨基苯硫酚,甲醇。

4.2.2 反应中间体、N-1~N-4 的合成

4.2.2.1 中间体 2 的合成

1(100 mg)和 2-氨基苯硫酚(170 mg)溶于 10 mL 甲醇中,30 ℃下反应 6 小时,减压除去溶剂,所得到的粗产品经硅胶柱层析(洗脱剂为 CH_2Cl_2:石油醚=1:3,体积比),得到白色固体 62.2 mg,产率 36.0%。^{1}H-NMR(400 MHz,$CDCl_3/CD_3OD$):δ 8.02(d,1H,$J=8.4$ Hz),7.95(d,1H,$J=8.0$ Hz),7.87(s,1H),7.55~7.43(m,3H),7.08(d,1H,$J=8.4$ Hz),3.07(s,1H)。高分辨质谱:m/z([$C_{15}H_9NOS$]$^+$)理论值 251.0405,实测值 251.0408。

4.2.2.2 中间体 3 的合成

室温搅拌下,向 2(50 mg)、碳酸钾(50 mg)和 0.25 mL DMF 的混合物中,加入正丁基溴(122 mg),将上述混合物 50 ℃下搅拌 4 小时,用薄层色谱法(TLC)监测反应至原料完全消耗。将反应液滴入到冰水中,用二氯甲烷萃取。有机层用水洗、无水硫酸钠干燥,过滤、减压除去溶剂,粗产品经硅胶柱层析(洗脱剂为 CH_2Cl_2:石油醚=1:1,体积比),得到白色固体 50.0 mg,产率为 81.4%。^{1}H-NMR(400 MHz,$CDCl_3/CD_3OD$):δ 8.73(s,1H),8.11(d,1H,$J=8.0$ Hz),7.95(d,1H,$J=8.0$ Hz),7.56(d,1H,$J=8.8$ Hz),7.52(t,1H,$J=7.2$ Hz),7.40(t,1H,$J=7.2$ Hz),7.00(d,1H,$J=8.8$ Hz),4.24~4.21(m,2H),3.04(s,1H),2.04~1.99(m,2H),1.66~1.61(m,2H),1.06(t,3H,$J=7.2$ Hz)。高分辨质谱:m/z([$C_{19}H_{17}NOS$]$^+$)理论值 307.1031,实测值 307.1031。

4.2.2.3 中间体 4 的合成

在氩气保护下,将 4-乙炔基萘酰亚胺(166.0 mg)和 9-丁基-3,6-二碘代咔唑(715.0 mg)溶于 60 mL 干燥的三乙胺中,分别加入 Pd(PPh$_3$)$_2$Cl$_2$(3.5 mg),三苯基膦(5.0 mg)和 CuI(10.0 mg),回流 8 小时。过滤,将滤液浓缩,粗产品经硅胶柱层析(洗脱剂为 CH_2Cl_2:石油醚=1:2,体积比),得到黄色

固体 110.0 mg, 产率 31.6%。^{1}H-NMR(400 MHz, CDCl$_3$): δ8.83(d, 1H, J = 8.0 Hz), 8.66(d, 1H, J = 7.2 Hz), 8.57(d, 1H, J = 7.6 Hz), 8.44(s, 1H), 8.37(s, 1H), 7.98~7.95(m, 1H), 7.79~7.76(m, 1H), 7.45(d, 1H, J = 8.4 Hz), 7.24(d, 2H, J = 8.4 Hz), 4.32~4.29(m, 2H), 4.16~4.12(m, 2H), 1.97~1.95(m, 1H), 1.89~1.85(m, 2H), 1.42~1.26(m, 10H), 0.98~0.87(m, 9H)。高分辨质谱: m/z([C$_{38}$H$_{37}$N$_2$O$_2$I])理论值 680.1900, 实测值 680.1901。

4.2.2.4 目标化合物 N-1 的合成

在氩气保护下, 4-溴萘酰亚胺(50 mg)和 2(25.0 mg)溶解在干燥的三乙胺和四氢呋喃的混合液中, 分别向其中加入 Pd(PPh$_3$)$_2$Cl$_2$(2.4 mg)、三苯基膦(1.3 mg)和 CuI(1.0 mg), 回流 8 小时, 过滤, 将滤液浓缩, 粗产品进行硅胶柱层析(洗脱剂为二氯甲烷), 得到黄色固体 34.0 mg, 产率 67.7%。^{1}H-NMR(400 MHz, CDCl$_3$): δ 8.71(d, 1H, J = 8.0 Hz), 8.61(d, 1H, J = 7.2 Hz), 8.53(d, 1H, J = 7.6 Hz), 7.98~7.89(m, 4H), 7.81(t, 1H, J = 8.0 Hz), 7.64(d, 1H, J = 8.0 Hz), 7.50(t, 1H, J = 8.0 Hz), 7.43~7.39(m, 1H), 7.14(d, 1H, J = 8.4 Hz), 4.14(t, 2H, J = 8.0 Hz), 1.70~1.66(m, 2H), 1.45~1.39(m, 2H), 0.94(t, 3H, J = 7.2 Hz)。^{13}C-NMR(100 MHz, CDCl$_3$): 168.1, 164.0, 163.8, 159.0, 151.6, 136.2, 132.6, 132.3, 132.0, 131.6, 130.6, 130.4, 128.7, 128.6, 127.6, 127.5, 127.1, 126.1, 123.1, 122.4, 121.7, 118.7, 117.2, 113.5, 98.5, 94.6, 85.8, 40.4, 30.4, 20.6, 14.0。高分辨质谱: m/z([C$_{31}$H$_{22}$N$_2$O$_3$S])理论值 502.1351, 实测值 502.1353。

4.2.2.5 目标化合物 N-2 的合成

在氩气保护下, 4-溴萘酰亚胺(50 mg)和苯乙炔(50.0 mg)溶解在干燥的三乙胺和四氢呋喃的混合液中, 分别向其中加入 Pd(PPh$_3$)$_2$Cl$_2$(2.4 mg), 三苯基膦(1.3 mg)和碘化亚铜(1.0 mg), 回流 8 小时, 过滤, 将滤液浓缩, 粗产品进行硅胶柱层析(洗脱剂为二氯甲烷), 得到黄色固体 67.3 mg, 产率 38.9%。^{1}H-NMR(400 MHz, CDCl$_3$): δ 8.66(d, 1H, J = 8.4 Hz), 8.57(d, 1H, J = 7.2 Hz), 8.48(d, 1H, J = 7.6 Hz), 7.88(d, 1H, J = 7.2 Hz), 7.76(t, 1H, J = 8.4 Hz), 7.62~7.59(m, 2H), 7.37(t, 3H, J = 3.6 Hz), 4.14(t, 2H, J = 7.2 Hz), 1.69~

1.62（m,2H）,1.43~1.33（m,2H）,0.91（t,3H,$J=7.2$ Hz）。^{13}C-NMR（100 MHz,CDCl$_3$）:δ 164.1,163.9,132.5,132.1,131.7,130.9,130.5,129.6,128.8,128.2,127.7,127.6,123.1,122.4,122.3,99.2,94.6,86.4,40.5,30.4,20.6,14.0。

4.2.2.6 目标化合物 N-3 的合成

在氩气保护下,4-溴萘酰亚胺（50.0 mg）和 3（50.0 mg）溶解在干燥的三乙胺和四氢呋喃的混合液中,分别向其中加入 Pd（PPh$_3$）$_2$Cl$_2$（2.4 mg）、三苯基膦（1.3 mg）和碘化亚铜（1.0 mg）,回流 8 小时,过滤,将滤液浓缩,粗产品进行硅胶柱层析（洗脱剂为二氯甲烷）,得到黄色固体 28.0 mg,产率 30.8%。熔点为 217.8~218.9℃。^{1}H-NMR（400 MHz,CDCl$_3$）:δ 8.92（s,1H）,8.82（d,1H,$J=$ 8.4 Hz）,8.66（d,1H,$J=5.6$ Hz）,8.58（d,1H,$J=7.6$ Hz）,8.16（s,1H）,8.00~7.95（m,2H）,7.87（d,1H,$J=7.6$ Hz）,7.76（d,1H,$J=8.4$ Hz）,7.55（d,1H,$J=$ 8.0 Hz）,7.42（t,1H,$J=7.6$ Hz）,7.13（d,1H,$J=8.4$ Hz）,4.30（t,2H,$J=$ 6.4 Hz）,4.20（t,2H,$J=7.6$ Hz）,2.10~2.04（m,2H）,1.77~1.65（m,4H）,1.50~1.44（m,2H）,1.08（t,3H,$J=7.6$ Hz）,0.99（t,3H,$J=7.2$ Hz）。^{13}C-NMR（100 MHz,CDCl$_3$）:164.2,163.9,157.4,135.2,133.3,132.7,131.7,130.7,130.5,128.2,127.9,127.5,126.3,125.1,123.1,123.0,122.0,121.5,115.1,112.7,98.9,86.0,69.6,40.5,31.3,30.4,29.9,20.6,19.7,14.0。高分辨质谱:m/z（[C$_{35}$H$_{30}$N$_2$O$_3$S]）理论值 558.1977,实测值 558.1984。

4.2.2.7 目标化合物 N-4 的合成

在氩气保护下,4-溴萘酰亚胺（50.0 mg）和原料 4（25.0 mg）溶解在干燥的三乙胺和四氢呋喃的混合液中,分别向其中加入 Pd（PPh$_3$）$_2$Cl$_2$（2.4 mg）、三苯基膦（1.3 mg）和碘化亚铜（1.0 mg）,回流 8 小时,过滤,将滤液浓缩,粗产品进行硅胶柱层析（洗脱剂为二氯甲烷）,得到黄色固体 27.0 mg,产率 33.8%。^{1}H-NMR（400 MHz,CDCl$_3$）:δ 12.75（s,1H）,8.85（d,1H,$J=8.0$ Hz）,8.67（m,1H）,8.65（d,1H,$J=7.2$ Hz）,8.58（d,1H,$J=7.6$ Hz）,8.43（d,1H,$J=$ 4.0 Hz）,8.36（d,1H,$J=4.0$ Hz）,8.03（d,1H,$J=8.0$ Hz）,7.99（d,1H,$J=$ 8.0 Hz）,7.94（d,1H,$J=4.0$ Hz）,7.87（t,1H,$J=8.0$ Hz）,7.80（d,1H,$J=$

8.4 Hz),7.73~7.69(m,2H),7.60(d,1H,J=8.0 Hz),7.53(t,1H,J=4.0 Hz),7.47(d,1H,J=7.6 Hz),7.43(d,1H,J=8.0 Hz),7.13(d,1H,J=8.0 Hz),4.32~4.29(m,2H),4.19~4.08(m,2H),1.94~1.87(m,1H),1.75~1.68(m,2H),1.47~1.38(m,10H),1.01~0.95(m,9H)。^{13}C-NMR(100 MHz,CDCl$_3$):168.68,164.57,164.30,157.92,151.77,141.11,140.50,135.84,132.76,132.54,131.61,131.48,131.04,130.61,129.97,128.34,128.26,126.95,125.90,124.84,124.20,123.07,122.79,122.51,122.38,121.72,121.59,118.37,116.98,115.68,114.39,112.86,109.35,109.29,101.20,94.57,89.58,87.26,85.49,65.71,44.35,43.32,38.11,31.23,30.92,30.72,28.87,24.23,23.25,20.68,19.34,14.27。高分辨质谱:m/z([C$_{53}$H$_{46}$N$_3$O$_3$S+H$^+$])理论值804.3260,实测值804.3288。

4.2.2.8 2-(2-羟基苯基)苯并噻唑(HBT)的合成

将水杨醛(250 mg)和2-氨基苯硫酚(500 mg)溶解在20 mL甲醇中,30 ℃下搅拌12小时。减压除去甲醇,硅胶柱层析(洗脱剂为石油醚:二氯甲烷=3:1,体积比),得到白色固体107 mg,产率23.6%。^{1}H-NMR(400 MHz,CDCl$_3$):12.52(s,1H),8.00(d,1H,J=8.0 Hz),7.91(d,1H,J=7.6 Hz),7.71(d,1H,J=8.0 Hz),7.51(d,1H,J=7.2 Hz),7.43~7.36(m,2H),7.12(d,1H,J=8.0 Hz),6.96(t,1H,J=7.2 Hz)。^{13}C-NMR(100 MHz,CDCl$_3$):169.5,158.1,152.0,132.9,128.6,126.8,125.7,122.3,121.7,119.7,118.0,116.9。

4.3 N-1~N-4 的光物理性质、光化学性质研究

4.3.1 光谱测试研究方法

4.3.1.1 溶液的配制

用容量瓶将待测样品准确配制成1.0×10^{-3} mol·L^{-1}的母液,根据样品的溶解性选择合适的溶剂,测试过程中所使用的乙腈为色谱纯、二氯甲烷为分析纯。

光谱测试时用微量进样器取 30 mL 待测物母液,溶于盛有 3 mL 测试溶剂的发光或紫外样品池中,测试的终浓度为 1.0×10^{-5} mol·L^{-1},然后用滴管将溶液充分混合均匀后进行光谱测试。光谱测试中所使用的氮气纯度为 99.999%。三重态性质的测试,如瞬态吸收和三重态寿命等均在除氧的溶剂中测试,所用比色皿为特制带密封盖的石英四通比色皿,为防止空气进入,在测试过程中一直通氮气。

4.3.1.2 荧光量子产率

待测物荧光量子产率在空气中测定,计算公式如下:

$$\Phi_{sam} = \Phi_{std} \left(\frac{A_{std}}{A_{sam}} \right) \left(\frac{I_{sam}}{I_{std}} \right) \left(\frac{\eta_{sam}}{\eta_{std}} \right)^2 \tag{4.1}$$

式中,sam 和 std 分别表示待测物和标准物;Φ 为量子产率,η 为溶剂的折光率,A 为激发波长处吸光度,I 为发光峰面积。测试时待测物与标准物的激发波长、灵敏度、狭缝大小相同,且激发波长处吸光度约为 0.05。

4.3.1.3 理论计算

采用密度泛函理论(DFT)对目标化合物进行单重态、三重态构型优化,S_1 态能级与 T_1 态能级在 S_0 优化构型基础上使用含时密度泛函理论(TD-DFT)计算得出。本章选用 B3LYP 混合泛函模型,C、H、N、O、S 采用 6-31g 基组。

4.3.2 光谱、电化学和密度泛函计算的结果与讨论

4.3.2.1 N-1~N-4 的稳态光谱测试

图 4.2 为化合物在甲苯中的紫外可见吸收光谱。目标化合物的紫外吸收随着共轭体系的扩大发生红移,N-1 最大吸收(在 405 nm 处 ε 为 30400 L·mol^{-1}·cm^{-1})与 HBT(337 nm 处 ε 为 20100 L·mol^{-1}·cm^{-1})相比,吸光度明显增大,波长发生明显红移。N-3(在 405 nm 处 ε 为 14500 L·mol^{-1}·cm^{-1})是被烷基取代的对照化合物,吸收波长与 N-1 相差不大,但吸光度明显减小。共轭体系进一步增大的 N-4(最大吸收 433 nm 处 ε 为

18300 L·mol^{-1}·cm^{-1}），吸收波长进一步发生红移,且其吸光度与 N-1 相比明显减弱。

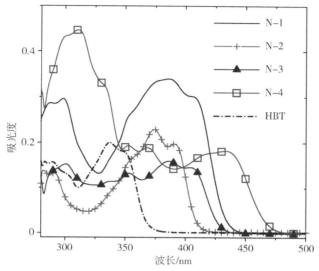

图 4.2　N-1~ N-4 和 HBT 的紫外可见吸收光谱

注:浓度为 1.0 × 10^{-5} mol·L^{-1},溶剂为甲苯,20 ℃。

图 4.3 为 N-1~N-4 的荧光光谱,N-1 在甲苯(PhCH$_3$)中发射较强的荧光（Φ_F 为 12.8%）,最大发射峰为 545 nm,斯托克斯位移达 140 nm,初步推断出 N-1 发生激发态分子内质子转移。从发光光谱中可以看出,在四氢呋喃(THF)和乙酸乙酯(EtOAc)中均观察到了双发射峰,其中在小于 500 nm 的短波长处为烯醇式发射峰,540~600 nm 的长波长处为酮式发射峰,但在甲醇中发光完全淬灭,主要是由于存在明显的分子内电荷转移;对照化合物 HBT,除了在甲醇中没有观察到双发射峰外,其他溶剂中均观察到了双发射峰。N-3 的发光光谱中不存在双发射峰,在极性溶剂中发光并没有发生明显的淬灭,是由于 N-3 中的羟基被烷基保护后,抑制了激发态分子内质子转移的发生。N-4 的发射峰主要集中在 500~600 nm 之间,随着溶剂极性的增加,荧光强度逐渐减弱,发射波长发生红移,存在分子内电荷转移,但没有双发射峰出现,说明 N-4 不存在激发态分子内质子转移。

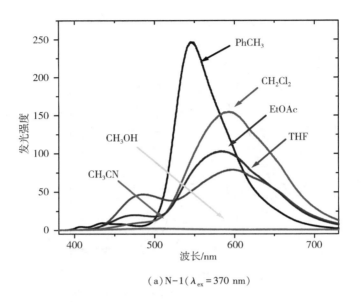

（a）N-1（λ_{ex} = 370 nm）

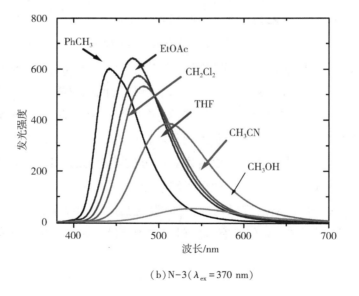

（b）N-3（λ_{ex} = 370 nm）

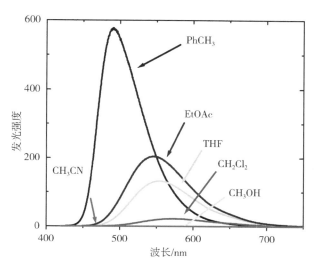

（c）N-4（$\lambda_{ex} = 410$ nm）

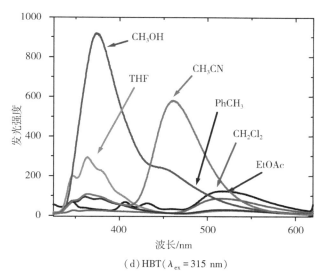

（d）HBT（$\lambda_{ex} = 315$ nm）

图 4.3　N-1～N-4 和 HBT 在不同溶剂中的荧光光谱

注:浓度为 1.0×10^{-5} mol·L^{-1},20 ℃。

4.3.2.2　纳秒瞬态吸收光谱

图 4.4(a)为 N-1 在苯中的纳秒瞬态吸收光谱。在 355 nm 激发光激发下，380 nm 处出现基态漂白峰，在 328 nm 和 400~750 nm 处出现瞬态物种的正向吸收峰，寿命为 63.0 μs；在空气中所测得的瞬态物种的正向吸收信号发生明显的变化，寿命变短(31.0 μs)，但并不会被氧气完全淬灭，如图 4.4(b)所示，可以推断所观察到的瞬态物种主要是酮式异构体，并非三重态。由以上分析可知，在除氧条件下，瞬态吸收信号主要为三重激发态，在不除氧条件下则主要为反式酮式异构体(K_z)的信号。

在除氧和不除氧条件下，N-1 在甲醇中同样观察到了长寿命的瞬态物种，寿命分别为 118.2 μs 和 124.5 μs(表 4.1)，HBT 也观察到了类似的结果，如图 4.5(a)和(b)所示。与 N-1 和 HBT 不同，在除氧条件下，烷基化的对照化合物 N-3 观察到了寿命为 74.5 μs 的瞬态物种信号[图 4.5(c)]，不除氧条件下寿命完全淬灭，推测这个瞬态物种为 N-3 的三重态，进一步说明 N-3 不存在激发态分子内质子转移，与发光光谱测试结果一致。N-4 虽然增大了共轭体系，吸收波长得以延长，但没有检测到任何瞬态信号，因此不存在顺式酮式三重态和反式酮式结构。

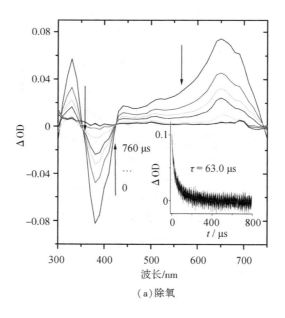

(a)除氧

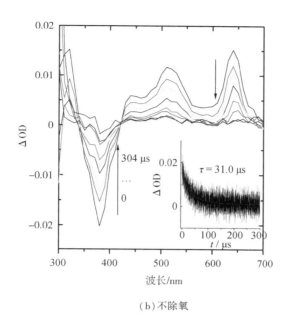

（b）不除氧

图4.4　N-1在苯中的纳秒瞬态吸收光谱

注：插图为380 nm处的寿命衰减曲线，

激发波长为355 nm，溶剂为苯，浓度为2.0×10^{-5} mol·L^{-1}，20 ℃。

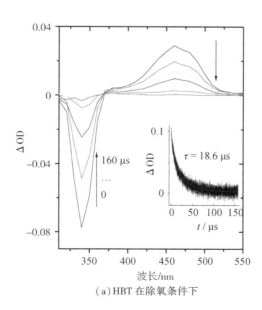

（a）HBT在除氧条件下

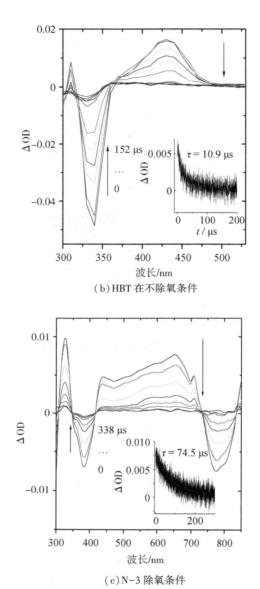

（b）HBT 在不除氧条件

（c）N-3 除氧条件

图 4.5　化合物 HBT 和 N-3 在苯中的纳秒瞬态吸收光谱图

注:溶剂为苯,浓度为 2.0×10^{-5} mol · L^{-1},20 ℃,插图为 380 nm 处的寿命衰减曲线。

4.3.2.3　密度泛函理论计算

密度泛函理论计算的单重态、三重态吸收光谱与瞬态吸收光谱的比较。

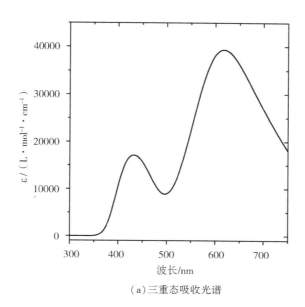

（a）三重态吸收光谱

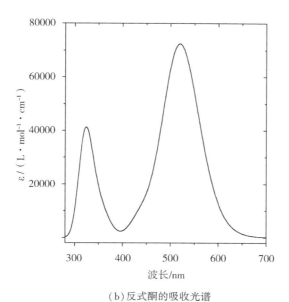

（b）反式酮的吸收光谱

图 4.6　化合物 N-1 三重态和反式酮的吸收光谱

注:溶剂为二氯甲烷。

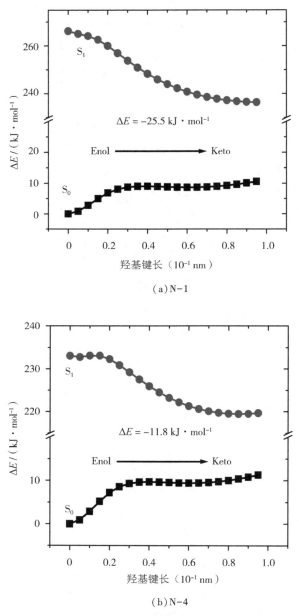

（a）N-1

（b）N-4

图 4.7　化合物 N-1 和 N-4 基态和激发态质子转移的势能曲线

　　为了进一步从理论上验证 N-1 观察到的长寿命三重态是激发态分子内质子转移过程中的顺式酮式,分别对 N-1 的三重态吸收光谱及反式酮的紫外可见吸收光谱进行了密度泛函理论计算。图4.6(a)所示为N-1三重态吸收光谱，吸收值为429 nm和614 nm，与实测结果445 nm和648 nm基本一致；反式酮式异构体(K_z)的紫外可见吸收光谱图[4.6(b)]计算值为325 nm和520 nm，与图4.4(b)也基本一致，从理论角度进一步证实了N-1存在反式酮式异构体和长寿命的三重态。

为了更准确地预测激发态分子内质子转移过程，考虑到氢质子远离羟基以及向氮原子靠近，即由烯醇式过渡到酮式结构做柔性扫描文件。首先选用DFT∥B3LYP/6-31G(d)泛函和基组优化得到化合物基态构型，即S_0态；采用TDDFT∥B3LYP/6-31G(d)泛函和基组优化单重激发态S_1态。利用优化好的S_0态和S_1态构型做扫描文件，氢原子远离的步长设定为0.05 Å。从扫描文件的输出文件可以得到化合物绝对势能曲线，为了得到更加直观的数据，将所得的绝对势能数据分别加上最小值的绝对值，即统一变为正值，得到相对势能，即基态的势能曲线。

计算激发态S_1态势能曲线，首先将S_0态的柔性扫描文件中不同羟基键长中的各个基态构型导出，再对每个基态构型通过TDDFT∥B3LYP/6-31G(d)泛函和基组计算单重态激发能，所得到的激发能单位为eV，分别乘以系数96.44，单位转换为kJ·mol^{-1}，再加上对应基态构型的相对势能值，即得到激发态S_1态的相对势能曲线。

从图4.7(a)中，基态S_0态势能曲线中的第一个点(烯醇式结构)和第九个点(势能曲线中最高点)的势能差为9.1 kJ·mol^{-1}，即为化合物到达酮式需要越过的能垒。从基态势能曲线还可以确定酮式结构为第十三个点，因为其相邻的势能值比它要高些(必须保证酮式结构的势能相对最低时，才能够稳定存在)。激发态势能曲线中的第一个点为烯醇式结构，与基态对应的第七个点为酮式结构，可以计算出两者激发态的能量差值，即激发态的能垒为-25.5 kJ·mol^{-1}。用同样的方法可以计算化合物N-4的激发态能垒及基态能垒，分别为-11.8 kJ·mol^{-1}和9.7 kJ·mol^{-1}。

化合物N-1与N-4相比，激发态从烯醇式到酮式的驱动力大，则能发生激发态分子内质子转移，而N-4发生激发态分子内质子转移的可能性较小。化合物N-1与N-4基态的能垒基本相同，而N-1激发态能垒大大增加，即此时的驱动力足以发生激发态分子内质子转移。

目标化合物的光物理性质总结如表4.1所示。

表4.1 N-1~N-4和HBT的光物理性质

化合物	溶剂	λ_{abs}/nm	Φ	λ_{em}/nm	ε/(L·cm⁻¹·cm⁻¹)	τ_T/μs 空气	τ_T/μs 氮气
	PhCH₃	405	0.128	545	30400	31.0	63.0
N-1	THF	384	0.092	592	35300	—f	—f
	MeOH	396	—f	—f	32500	124.5	118.2
N-2	PhCH₃	374	0.412	414	23400	—f	—f
	THF	371	0.519	425	26100	—f	—f
	PhCH₃	405	0.544	440	14500	—h	74.5
N-3	THF	386	0.514	476	17600	—f	—f
	MeOH	392	—f	540	18000	—h	—h
	PhCH₃	433	0.401	491	18300	—h	—h
N-4	THF	429	0.167	553	20400	—f	—f
	MeOH	428	—f	—f	19800	—h	—h
	PhCH₃	337	0.005	514	20100	10.9	18.6
HBT	THF	335	—h	363	21200	—f	—f
	MeOH	332	—f	373	20800	9.7	10.9

注:N-1,N-2,N-3,N-4和HBT激发波长为370 nm,350 nm,370 nm,410 nm,315 nm;浓度为1.0 × 10⁻⁵ mol·L⁻¹,20 ℃;λ_{abs}代表最大吸收波长;λ_{em}代表荧光发射波长;ε代表摩尔吸光系数;τ_T代表三重态寿命;Φ代表荧光量子产率,以氟硼吡咯(在四氢呋喃中的荧光量子产率为0.72)为标准物;—f代表未测定;—h代表信号弱。

4.4 本章小结

利用激发态分子内质子转移过程中产生的顺式酮式三重态这一性质,将1,8-萘酰亚胺与2-(2-羟基苯基)苯并噻唑通过炔键共轭连接,设计合成了不含重原子的三重态光敏剂N-1。扩大共轭体系N-1的最大吸收波长红移至可见光区(405 nm),发光光谱中观察到了烯醇式和酮式的双发射峰,斯托克斯位移高达140 nm,说明N-1存在激发态分子内质子转移。通过纳秒瞬态吸收光谱,观察到了N-1存在顺式酮式三重态和反式酮式结构两种瞬态物种。

5 基于 NDI-HBT 不含重原子的三重态光敏剂的合成与性质研究

5.1 分子设计

为了进一步探索 HBT 与其他荧光团之间通过不同连接方式获取三重态的能力,本章选取萘酰二亚胺(NDI)为主要吸光团,通过共轭连接和非共轭连接分别探讨产生三重态的机制。设计并合成了目标化合物 ND-1~ND-5(图 5.1)。利用 Sonogashira 偶联反应将 NDI 和氨基取代的 NDI 单元分别通过炔键与 HBT 单元连接,制备了 ND-1 和 ND-2,ND-2 中的 NDI 部分被氨基取代后获取了更长的吸收波长。此外,为了比较共轭连接和非共轭连接这两种连接方式对激发态分子内质子转移及三重态产生的影响,利用 Cu(0)催化的"点击"反应制备了 ND-4 和 ND-5。将 HBT 中的羟基利用烷基保护后,制备的对照化合物 ND-3 是为了去除激发态分子内质子转移。

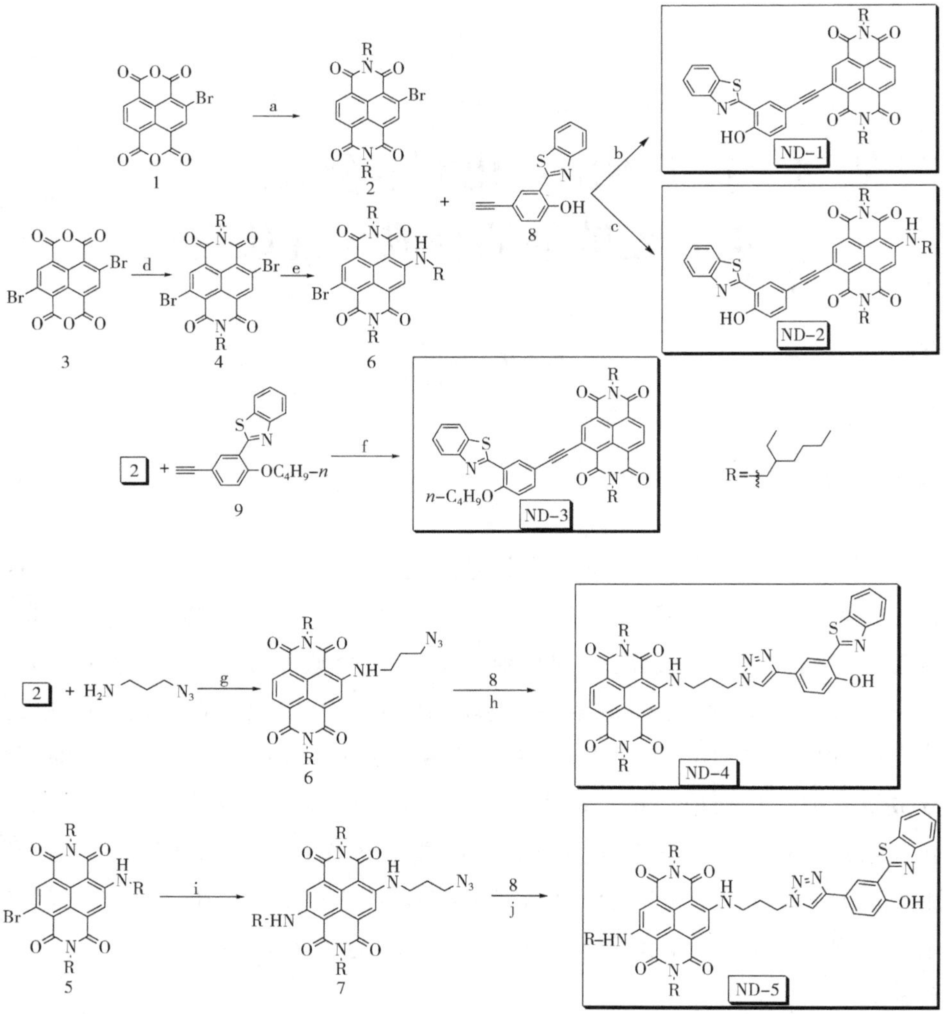

图 5.1　目标化合物 ND-1,ND-2,ND-3,ND-4 和 ND-5 的合成

注:a 为 2-乙基己胺,乙酸;b 为 Pd(PPh₃)₄,CuI,45 ℃,10 小时;c 为 Pd(PPh₃)₄,CuI,75 ℃,10 小时;

d 为 2-乙基己胺,乙酸;e 为 2-甲氧基乙醇,120 ℃,8 小时;f 为 Pd(PPh₃)₄,CuI,45 ℃,10 小时;

g 为 3-叠氮基丙胺,120 ℃,8 小时;h 为 CuSO₄·5H₂O,抗坏血酸钠,35 ℃,24 小时;

i 为 3-叠氮基丙胺,120 ℃,8 小时;j 为 CuSO₄·5H₂O,抗坏血酸钠,35 ℃,24 小时。

5.2　中间体、ND-1～ND-5 的合成

5.2.1　表征手段与测试仪器

　　试验中所用有机溶剂均为市售的分析纯,除乙醚和四氢呋喃在使用前需蒸馏处理外,其余均直接使用。合成反应过程中所用试剂,未经进一步纯化处理;柱色谱以 200～300 目硅胶粉作为固定相;无水反应中所用的有机溶剂,采用活化的 4 Å 分子筛预先除水,无氧操作使用的惰性气体——氩气纯度为99.999%。光谱测试中所用溶剂,如二氯甲烷等均为色谱纯,测试中的除氧操作所使用的惰性气体——氮气的纯度为 99.999%。光氧化及光催化反应中均使用单色仪获取特定波长的光源,并结合紫外-可见分光光度仪进行检测,通过太阳能检测器测量光功率密度,滤光所用的亚硝酸钠为市售分析纯。

5.2.2　反应中间体、ND-1～ND-5 的合成步骤

5.2.2.1　目标化合物 ND-1 的合成

　　在氩气保护条件下,分别将 Pd(PPh$_3$)$_4$(11.6 mg)、碘化亚铜(1.9 mg)、三乙胺(4 mL)和 2(60.0 mg)加入到盛有 8(25.0 mg)和四氢呋喃(5 mL)的反应瓶中。将混合物 70 ℃ 回流 8 小时。混合液冷却至室温,减压除去溶剂,粗产品经硅胶柱层析(洗脱剂为二氯甲烷),得到红色固体 40.0 mg,产率 54.1%。^{1}H-NMR(400 MHz,CDCl$_3$):δ 8.84(s,1H),8.78(d,1H,J = 7.6 Hz),8.71(d,1H,J = 7.6 Hz),8.11(d,1H,J = 1.7 Hz),8.02(d,1H,J = 8.1 Hz),7.97(d,1H,J = 8.1 Hz),7.79(d,1H,J = 1.8 Hz),7.55(t,1H,J = 7.2 Hz),7.47(t,1H,J = 7.4 Hz),7.18(d,1H,J = 7.5 Hz),4.25～4.10(m,4H),2.06～1.93(m,2H),1.45～1.32 (m,16H),1.00～0.90(m,12H)。^{13}C-NMR(150 MHz,CDCl$_3$):168.01, 163.01, 162.63, 161.59, 159.41, 151.27, 136.94, 136.36, 132.90, 132.51, 131.08, 130.15, 126.95, 126.15, 125.96, 125.93, 125.07, 122.19,

121. 52，118. 54，116. 86，113. 73，102. 55，99. 92，89. 73，44. 47，37. 87，31. 98，
30. 72，29. 69，28. 60，24. 04，23. 16，14. 13，10. 59。高 分 辨 质 谱：m/z
（$[C_{45}H_{44}N_3O_5S-H]^-$）理论值为 738. 2996，实测值为 738. 2955。

5.2.2.2 目标化合物 ND-2 的合成

在氩气保护条件下，分别将 Pd（PPh$_3$）$_4$（11. 6 mg）、碘化亚铜（1. 9 mg）、三
乙胺（4 mL）、5（63. 0 mg）加入到 8（28. 0 mg）的四氢呋喃（5 mL）溶液中。混合
物加热回流 8 小时后，经冷却减压除去溶剂，粗产品经硅胶柱层析（CH$_2$Cl$_2$：石
油醚 = 3 : 1，体积比），得到红色固体 70. 0 mg，产率为 80. 8%。^{1}H - NMR
（400 MHz，CDCl$_3$）：δ 12. 90（s，1H），10. 17（s，1H），8. 81（s，1H），8. 27（d，1H，
J = 8. 4 Hz），8. 05（d，1H，J = 1. 8 Hz），8. 02 ~ 7. 99（m，1H），7. 96 ~ 7. 94（m，1H），
7. 72（d，1H，J = 8. 4 Hz），7. 54（t，1H，J = 1. 2 Hz），7. 45（t，1H，J = 6. 0 Hz），
7. 15 ~ 7. 13（m，1H），4. 23 ~ 4. 11（m，4H），3. 51（t，2H，J = 7. 8 Hz），2. 03 ~ 1. 93
（m，2H），1. 82 ~ 1. 78（m，1H），1. 55 ~ 1. 30（m，24H），1. 01 ~ 0. 88（m，18H）。^{13}C-
NMR（150 MHz，CDCl$_3$）：167. 91，165. 78，162. 36，162. 08，161. 48，158. 12，
151. 51，150. 96，136. 41，135. 96，132. 12，131. 85，126. 89，126. 24，125. 23，
124. 35，121. 89，121. 64，121. 05，120. 12，119. 34，117. 77，116. 24，114. 03，
99. 44，97. 05，88. 60，46. 00，44. 04，43. 31，38. 79，37. 39，37. 25，30. 65，30. 18，
29. 17，28. 33，28. 14，24. 03，23. 63，23. 53，22. 67，22. 61，22. 52，13. 55，10. 45，
10. 22。高分辨质谱：m/z（$[C_{38}H_{54}BrN_3O_4+H]^+$）理论值为 867. 4514，实测值
为 867. 4525。

5.2.2.3 目标化合物 ND-3 的合成

在氩气保护条件下，分别将 Pd（PPh$_3$）$_4$（11. 6 mg）、碘化亚铜（1. 9 mg）、三
乙胺（4 mL）和 2（60. 0 mg）加入到盛有 9（23. 4 mg）和 5 mL 四氢呋喃的反应瓶
中。将混合物 70 ℃ 回流 8 小时，混合液冷却至室温，减压除去溶剂，粗产品经
硅胶柱层析（洗脱剂为二氯甲烷），得到橙色固体（35. 0 mg），产率为 42. 4 %。^{1}H
-NMR（600 MHz，CDCl$_3$）：δ 8. 92（d，1H，J = 2. 1 Hz），8. 86（s，1H），8. 76（d，1H，
J = 7. 6 Hz），8. 69（d，1H，J = 7. 6 Hz），8. 14（d，1H，J = 8. 1 Hz），7. 97（d，1H，J =
7. 8 Hz），7. 85（m，1H），7. 53（t，1H，J = 7. 2 Hz），7. 41（t，1H，J = 7. 2 Hz），7. 11
（d，1H，J = 8. 6 Hz），4. 29（t，2H，J = 6. 5 Hz），4. 24 ~ 4. 09（m，4H），2. 08 ~ 2. 02

（m,3H）,1.96～1.91（m,1H）,1.71～1.64（m,2H）,1.43～1.31（m,16H）,1.08（t,3H,$J=7.3$ Hz）,0.99～0.88（m,12H）。$^{13}C-NMR$（150 MHz,CDCl$_3$）:162.80,162.58,162.00,161.65,161.61,161.24,161.18,157.47,151.89,136.84,136.11,135.91,133.75,130.91,130.03,127.70,127.38,126.05,125.30,125.13,124.95,124.83,123.04,122.27,122.20,121.22,115.20,112.22,111.76,102.71,89.79,69.43,44.53,37.89,31.18,30.72,28.64,24.04,23.06,19.54,14.16,14.12,13.94,10.67。高分辨质谱:m/z（[C$_{49}$H$_{53}$N$_3$O$_5$S-H]$^-$）理论值 795.3700,实测值 795.3713。

5.2.2.4 目标化合物 ND-4 的合成

在氩气保护条件下,将 6（50.0 mg）和 8（30.0 mg）溶解在 14 mL 混合溶剂（CHCl$_3$：EtOH：H$_2$O = 12：1：1,体积比）中。然后将 CuSO$_4$ · 5H$_2$O（4.5 mg）、抗坏血酸钠（7.2 mg）分别加入到反应液中。然后加热至 25 ℃ 反应 24 小时。混合物用 CH$_2$Cl$_2$ 萃取,有机层经无水 Na$_2$SO$_4$ 干燥,减压蒸馏除去溶剂。粗产品经硅胶柱层析（洗脱剂:CH$_2$Cl$_2$：CH$_3$OH＝100：1,体积比）,得到红色固体48.0 mg,产率为 67.3 %。^1H-NMR（400 MHz,CDCl$_3$）:δ 12.71（s,1H）,10.22（t,1H,$J=7.8$ Hz）,8.64（d,1H,$J=7.8$ Hz）,8.35（d,1H,$J=7.8$ Hz）,8.20（d,1H,$J=1.9$ Hz）,8.17（s,1H）,8.02（d,1H,$J=8.1$ Hz）,7.94（d,1H,$J=7.9$ Hz）,7.84（s,1H）,7.74（d,1H,$J=2.0$ Hz）,7.53（t,1H,$J=7.2$ Hz）,7.44（t,1H,$J=7.2$ Hz）,7.15（d,1H,$J=7.5$ Hz）,4.66（t,2H,$J=6.6$ Hz）,4.15～4.04（m,4H）,3.74～3.71（m,2H）,2.57～2.53（m,2H）,1.95～1.86（m,2H）,1.38～1.28（m,16H）,0.93～0.86（m,12H）。$^{13}C-NMR$（150 MHz,CDCl$_3$）:168.84,166.46,163.53,163.07,157.95,151.93,151.58,147.12,132.57,131.38,130.07,129.16,127.87,126.81,126.03,125.73,125.28,124.82,123.50,122.19,121.55,119.39,119.34,119.03,118.34,116.86,100.37,47.77,44.49,43.91,40.12,37.78,30.72,29.86,28.68,28.64,24.03,23.04,14.11,10.69。高分辨质谱:m/z（[C$_{48}$H$_{53}$N$_7$O$_5$S-H]$^-$）理论值 839.3823,实测值 839.3814。

5.2.2.5 目标化合物 ND-5 的合成

在氩气保护条件下,将 7（43.0 mg）和 8（15.0 mg）溶解在混合溶剂中

（14 mL，CHCl$_3$：EtOH：H$_2$O = 12：1：1，体积比）。然后将 CuSO$_4$·5H$_2$O（4.5 mg）和抗坏血酸钠（7.2 mg）分别加入到上述混合物中，然后加热至 25 ℃反应 48 小时。混合物用二氯甲烷萃取，有机层经无水硫酸钠干燥，减压蒸馏除去溶剂，粗产品经硅胶柱层析（CH$_2$Cl$_2$：CH$_3$OH = 100：1，体积比），得到紫色固体 50.0 mg，产率 86.2 %。^{1}H-NMR（400 MHz，CDCl$_3$）：δ 12.71（s，1H），9.45～9.39（m，2H），8.17（s，1H），8.10（s，1H），8.06（s，1H），8.00（d，1H，J = 8.1 Hz），7.92（d，1H，J = 7.9 Hz），7.84（s，1H），7.73（d，1H，J = 8.2 Hz），7.52（t，1H，J = 7.2 Hz），7.43（t，1H，J = 7.3 Hz），7.13（d，1H，J = 8.5 Hz），4.64（t，2H，J = 6.6 Hz），4.11～4.05（m，4H），3.64～3.60（m，2H），3.36（t，1H，J = 5.7 Hz），2.53～2.49（m，2H），1.77～1.71（m，1H），1.53～1.48（m，2H），1.45～1.43（m，2H），1.37～1.28（m，20H），0.98～0.86（m，18H）。^{13}C-NMR（150 MHz，CDCl$_3$）：169.06，169.03，166.53，166.30，163.23，163.17，157.94，151.66，149.49，148.42，146.93，132.68，130.12，126.73，125.65，125.56，125.35，122.34，122.17，121.57，121.28，120.85，118.79，118.33，117.37，116.92，102.44，101.35，48.01，46.36，43.96，40.01，39.17，37.85，31.21，30.78，29.76，28.85，28.82，28.70，24.56，24.07，23.13，23.02，14.12，10，98，10.63。高分辨质谱：m/z（[C$_{56}$H$_{70}$N$_8$O$_5$S-H]$^-$）理论值 966.5184，实测值 966.5174。

5.3 ND-1～ND-5 的光物理性质、光化学性质研究

5.3.1 光谱测试研究方法

5.3.1.1 溶液的配制

用容量瓶将待测样品准确配制成 $1.0×10^{-3}$ mol·L^{-1} 的母液，根据样品的溶解性选择合适的溶剂，测试过程中所使用的乙腈为色谱纯、二氯甲烷为分析纯。光谱测试时用微量进样器取 30 mL 待测物母液，溶于盛有 3 mL 测试溶剂的发光或紫外样品池中，测试的终浓度为 $1.0×10^{-5}$ mol·L^{-1}，然后用滴管将溶液充分混合均匀后进行光谱测试，具体条件详见图 5.1 图注。光谱测试中所使用的氮气纯度为 99.999%。三重态性质如瞬态吸收和三重态寿命等均在除氧的溶

剂中测试所得,所用比色皿为特制带密封盖的石英四通比色皿,为防止空气进入,在测试过程中一直通氮气。

5.3.1.2 荧光量子产率

待测物的荧光量子产率在空气中测定,计算公式如下:

$$\Phi_{\text{sam}} = \Phi_{\text{std}} \left(\frac{A_{\text{std}}}{A_{\text{sam}}}\right) \left(\frac{I_{\text{sam}}}{I_{\text{std}}}\right) \left(\frac{\eta_{\text{sam}}}{\eta_{\text{std}}}\right)^2 \qquad (5.1)$$

公式中,sam 和 std 分别表示待测物和标准物;Φ 为荧光量子产率,η 为溶剂折光率,A 为激发波长处吸光度,I 为发光峰面积。测试时,待测物与标准物激发波长、灵敏度、狭缝大小相同,且激发波长处吸光度约为 0.05。

5.3.1.3 单重态氧量子产率

测试原理简单描述如下,光敏剂将三重态能量传递给三重态氧,从而将其敏化成单重态氧($^1O_2$),1,3-二苯基异苯并呋喃(DPBF)被 $^1O_2$ 氧化,导致 DPBF 的紫外可见吸收光谱发生变化,可以获得吸光度随时间逐渐减小的关系曲线,单重态氧量子产率通过以下公式进行计算:

$$\Phi_{\text{sam}} = \Phi_{\text{std}} \left(\frac{1 - 10^{-A_{\text{std}}}}{1 - 10^{-A_{\text{sam}}}}\right) \left(\frac{m_{\text{sam}}}{m_{\text{std}}}\right) \left(\frac{\eta_{\text{sam}}}{\eta_{\text{std}}}\right)^2 \qquad (5.2)$$

公式中,sam 与 std 分别表示待测物及标准物;Φ,A,m 以及 η 分别代表单重态氧量子产率、激发波长处吸光度、DPBF 吸光度随时间变化的曲线斜率以及测试溶剂的折光率。测试采用的标准物为双碘代氟硼吡咯($\Phi_\Delta = 0.83$,溶剂为二氯甲烷)或者亚甲基蓝(MB,$\Phi_\Delta = 0.57$,溶剂为二氯甲烷),保证待测物与标准物激发波长相同,且在激发波长处吸光度值在 $0.2 \sim 0.3$ 之间(以保证待测物与标准物吸光度值尽可能相近为最佳)。在测试时,待测物所用溶剂与标准物的溶剂应尽量保持一致,以消除溶剂折光率所产生的误差。

5.3.1.4 循环伏安法

通过循环伏安法研究 ND1~ND5 及其对照化合物的电化学性质。测试溶剂为二氯甲烷,$0.10 \text{ mol} \cdot \text{L}^{-1}$ 四丁基六氟磷酸铵为支持电解质,测试时采用三电极体系,Ag/AgNO$_3$ 电极为参比电极,铂电极为对电极,玻碳电极为工作电极,以二茂铁为内标。

5.3.1.5 理论计算

采用密度泛函理论(DFT)对目标化合物进行单重态、三重态构型优化,S_1态能级与T_1态能级在S_0优化构型基础上使用含时密度泛函理论(TD-DFT)计算得出。本书选用B3LYP混合泛函模型,对C、H、N、O、S采用6-31g基组。

5.3.2 光谱、电化学和密度泛函理论的结果与讨论

5.3.2.1 ND-1~ND-5的稳态光谱测试

从紫外可见吸收光谱中可以看出,ND-1~ND-5最大吸收波长覆盖475~560 nm,与传统激发态分子内质子转移类染料相比,其吸收波长明显红移(图5.2),其中300~320 nm处是HBT的烯醇式结构的吸收带,所有化合物的吸收光谱对溶剂的极性不敏感。ND-1在甲苯中的最大吸收波长位于483 nm;由于氨基的引入,ND-2吸收波长进一步红移(最大吸收波长560 nm)。

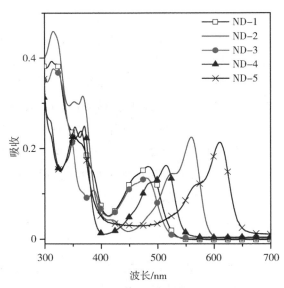

图5.2 ND-1~ND-5在甲苯中的紫外可见吸收光谱

注:$c = 1.0 \times 10^{-5}$ mol·L^{-1},20 ℃。

利用"点击"反应,采取非共轭连接方式的化合物 ND-4 和 ND-5,由于两个烷氨基的引入,其最大吸收波长进一步红移至 515 nm 和 611 nm。

ND-1～ND-5 的荧光光谱如图 5.3 所示,ND-1 在 PhCH$_3$ 中发光较强 ($\Phi_F = 68.9\%$)且对溶剂的极性较为敏感,发光随着溶剂的极性的增加而减弱,例如:在 CH$_2$Cl$_2$(DCM)和 THF 中,荧光量子产率分别为 9.8% 和 4.4%(表 5.1)。此外,我们发现在 PhCH$_3$、DCM 和 THF 中,ND-1 出现了双发射现象,其中在 PhCH$_3$ 中双发射现象较为明显,发射峰分别位于 538 nm(烯醇式结构)和 682 nm(顺式酮式结构),如图 5.3(a)所示,斯托克斯位移达 144 nm,初步判断 ND-1 发生激发态分子内质子转移。其中,顺式酮式异构体的发光对溶剂的极性较为敏感,在 DCM 中发射峰位于 762 nm。

表 5.1 ND-1,ND-2,ND-3,ND-4 和 ND-5 的光物理性质

化合物	溶剂	λ_{abs}/ nm	ε/ (L·mol·cm^{-1})	λ_{em}/ nm	τ/ns	Φ_F/%	Φ_Δ/%	τ_T/μs 氮气	空气
ND-1	PhCH$_3$	483	16900	538	1.91	68.9	14.7	72.0	0.59
				682	0.12				
	DCM	474	17000	553	9.92	9.8			
	THF	466	16900	537	8.85	4.4			
	MeOH	463	14200	536	—^{j}	—^{j}		—^{g}	—^{g}
ND-2	PhCH$_3$	560	22500	582	9.01	62.3	11.2	121.1	0.38
	DCM	558	22300	587	2.02	8.4			
	THF	555	22300	582	—^{j}	3.9			
	MeOH	556	15400	—^{p}	—^{p}	—^{p}		—^{g}	—^{g}
ND—3	PhCH$_3$	479	13400	541	—^{p}	—^{p}	27.7	48.0	0.59
	DCM	469	16200	592	—^{p}	—^{p}			
	THF	463	16600	600	—^{j}	—^{p}			
	MeOH	461	15500	—^{p}	—^{p}	—^{p}		—^{g}	—^{g}
ND-4	PhCH$_3$	515	16300	543	4.31	24.3	19.4	148.5	0.59
	DCM	516	12800	545	2.72	11.3			
	THF	513	13200	549	—^{j}	17.5			
	MeOH	517	11900	566	—^{p}	—^{p}		—^{g}	—^{g}

续表

化合物	溶剂	$\lambda_{abs}/$ nm	$\varepsilon/$ $(L \cdot mol \cdot cm^{-1})$	$\lambda_{em}/$ nm	τ/ns	$\Phi_F/\%$	$\Phi_\Delta/\%$	$\tau_T/\mu s$ 氮气	$\tau_T/\mu s$ 空气
N-5	PhCH₃	611	21400	635	9.72	26.2	—ᵖ	—ᵍ	—ᵍ
	DCM	611	20900	638	9.29	23.2			
	THF	606	21200	634	—ʲ	25.2			
	MeOH	617	14500	654	—ʲ	—ʲ		—ᵍ	—ᵍ

注:ND-1,ND-2,ND-3,ND-4 和 ND-5 激发波长为 460 nm,520 nm,460 nm,480 nm 和 580 nm $(1.0 \times 10^{-5}\ mol \cdot L^{-1}, 20\ ℃)$。$\lambda_{abs}$ 为最大吸收波长;ε 为摩尔吸光系数;λ_{em} 为荧光发射波长;τ 为荧光寿命;Φ_F 三重态寿命;ᵍ 为无信号;Φ_Δ 单重态氧量子产率($^1O_2$):其中,以三联吡啶钌作为标准物测试 ND-1 和 ND-3(在乙腈中单重态氧量子产率的 $\Phi_\Delta = 0.57, \lambda_{ex} = 470\ nm$);以孟加拉玫瑰红作为标准物测试 ND-2(在甲醇中单重态氧量子产率 $\Phi_\Delta = 0.80, \lambda_{ex} = 560\ nm$);以 2,6-二碘代氟硼吡咯为标准物测试 ND-4(在二氯甲烷中单重态氧量子产率 $\Phi_\Delta = 0.83$,激发波长 515 nm);Φ_F 荧光量子产率,以 2,6-二碘代氟硼吡咯为标准物测试 ND-1,ND-2,ND-3 和 ND-4(在乙腈中的荧光量子产率 $\Phi_F = 0.027$),以亚甲基蓝为标准物测试 ND-5(在甲醇中的荧光量子产率 $\Phi_F = 0.03$);ʲ 为未测定;ᵖ 为信号弱。

ND-1 在 MeOH 中没有出现双发射现象,斯托克斯位移仅为 73 nm,是由于 ND-1 中的羟基与溶剂产生分子间氢键,进而抑制了激发态分子内质子转移的产生。为了进一步验证 ND-1 产生激发态分子内质子转移,合成了对照化合物 ND-3,其结构是对羟基进行了烷基化,从荧光光谱中并没有发现双发射现象,并且其发光峰位于 500~650 nm,与 ND-1 的烯醇式发射峰正好吻合,因而可以初步确定 ND-1 发生了激发态分子内质子转移。

ND-2 在 PhCH₃ 具有较高的荧光量子产率($\Phi_F = 62.3\ \%$)。ND-2 与 ND-1 具有相似的分子结构,但从荧光光谱中并未观测到双发射,即没有发生激发态分子内质子转移。可能的原因是,烷氨基的引入在某种程度上弥补了 NDI 的缺电子性,进而间接地强化了 HBT 中羟基的结合能力。

非共轭连接的化合物 ND-4 和 ND-5 的荧光光谱中发射峰位置分别位于 543 nm 和 635 nm,其在 PhCH₃ 中荧光量子产率为 24.3%、26.2%,没有出现双发射现象,如图 5.3(e) 和(f)所示。以上所提及光物理性质数据如表 5.1 所示。

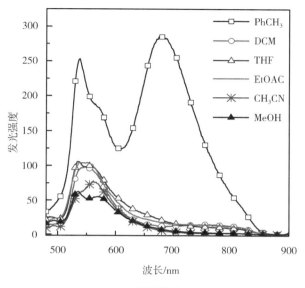

（a）ND-1（激发波长 460 nm）

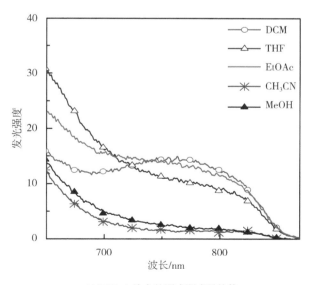

（b）ND-1 放大的顺式酮式异构体

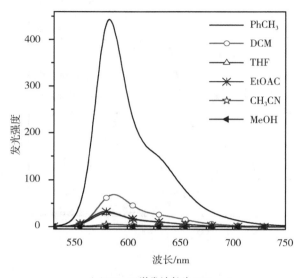

(c)ND-2(激发波长为520 nm)

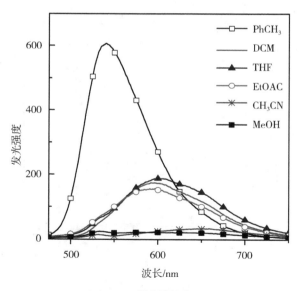

(d)ND-3(激发波长为460 nm)

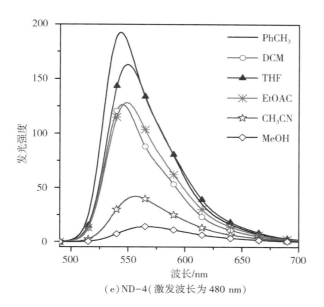

（e）ND-4（激发波长为 480 nm）

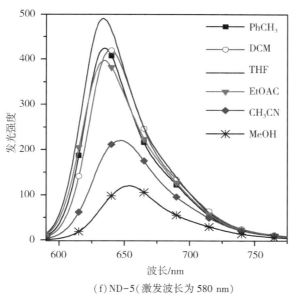

（f）ND-5（激发波长为 580 nm）

图 5.3　ND-1~ND-5 在不同溶剂中的荧光光谱

注：浓度为 1.0×10^{-5} mol·L^{-1}，20 ℃。

利用激发光谱能够进一步验证双发射峰是否源于激发态分子内质子转移过程,如图5.4所示。对于 ND-1 来说,激发光谱大致与紫外可见吸收光谱基本一致。当激发波长分别为 538 nm(烯醇式)和 682 nm(顺式酮式)时,所得到的激发光谱谱带均位于 300~387 nm 和 457~520 nm。即当激发 HBT 部分(300~387 nm)可以有效地产生 538 nm 和 682 nm 的荧光,说明两个波长发光分别来源于相同的 Franck-Condon 态,表明 ND-1 存在激发态分子内质子转移。对于 ND-2~ND-5,观察到类似的激发光谱。

此外,通过柔性链连接的目标化合物 ND-4 和 ND-5,没有出现双发射现象,这并不能说明一定没有发生激发态分子内质子转移,也可能存在酮式异构体与 NDI 部分的荧光共振能量转移,为排除此种情况的产生,分别测试了不同激发波长处,即分别激发 HBT 和 NDI 部分,比较二者之间荧光强度的变化,如图 5.4(d)和(e)所示。如果发生了荧光共振能量转移,则激发 HBT 部分,将会出现荧光强度增强。在测试过程中,我们发现荧光强度出现了明显的减弱,进一步说明 ND-4 和 ND-5 可能没有发生激发态分子内质子转移。

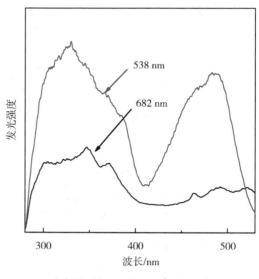

(a)ND-1(λ_{ex}=538 nm 和 682 nm)

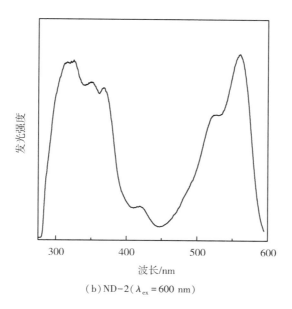

（b）ND-2（$\lambda_{ex} = 600$ nm）

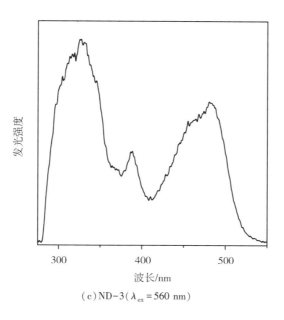

（c）ND-3（$\lambda_{ex} = 560$ nm）

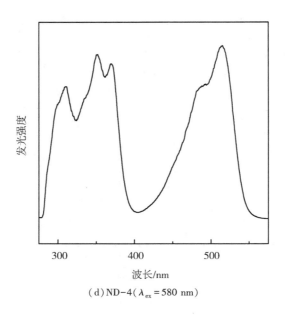

（d）ND-4（$\lambda_{ex} = 580$ nm）

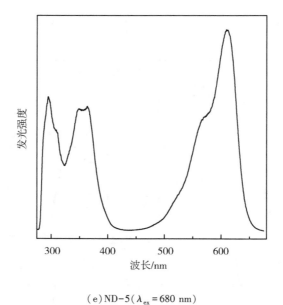

（e）ND-5（$\lambda_{ex} = 680$ nm）

图 5.4　化合物 ND-1~ND-5 在甲苯中的激发光谱

注:浓度为 1.0×10^{-5} mol · L^{-1}, 20 ℃。

利用不同激发波长下的荧光光谱,研究了所有化合物的电子耦合作用(图 5.5)。ND-1 和 ND-3 具有共轭结构,当激发波长为 320 nm 或 460 nm 时,其发光强度变化不大。但对于非共轭结构,如 ND-4 和 ND-5,当激发 HBT 部分,发光强度明显低于能量最低吸收带。结果表明,ND-1、ND-3 具有比 ND-4、ND-5 更强的电子耦合。

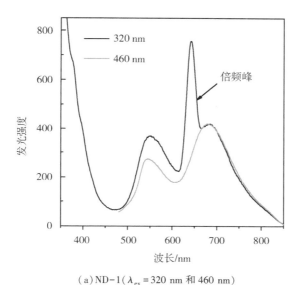

（a）ND-1（λ_{ex} = 320 nm 和 460 nm）

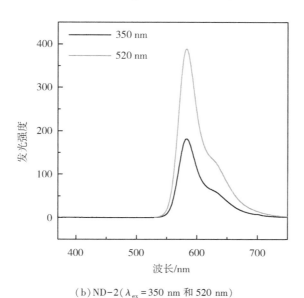

（b）ND-2（λ_{ex} = 350 nm 和 520 nm）

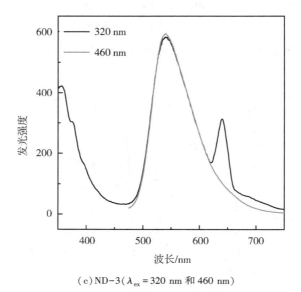

（c）ND-3（λ_{ex} = 320 nm 和 460 nm）

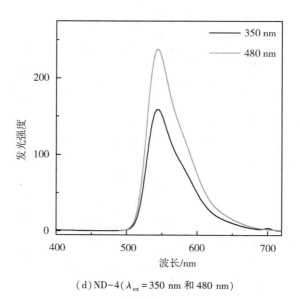

（d）ND-4（λ_{ex} = 350 nm 和 480 nm）

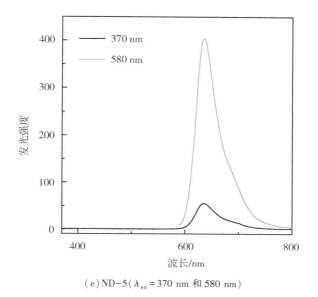

（e）ND-5（$\lambda_{ex} = 370$ nm 和 580 nm）

图 5.5　化合物 ND-1～ND-5 在甲苯中的荧光光谱

注：浓度为 1.0×10^{-5} mol·L^{-1}，20 ℃。

特别是在 ND-1 中，较强的电子耦合作用使 NDI 和 HBT 成为一个整体，所以激发 HBT（320 nm）和能量最低吸收带（460 nm）后均观察到双发射。

NDI 类衍生物容易产生二聚体的发光，为了排除二聚体的产生，我们测试了 ND-1～ND-5 在不同浓度下的发光光谱，如图 5.6 所示，随着浓度的增加，5 个目标产物的发光光谱呈现出明显的线性关系，说明不存在二聚体的发光。

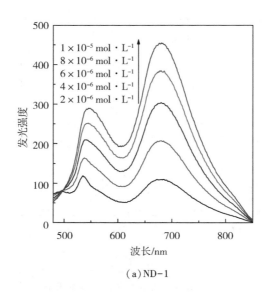

（a）ND-1

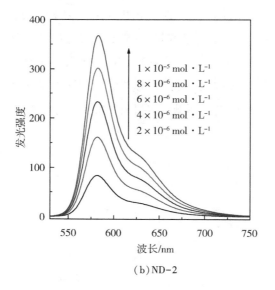

（b）ND-2

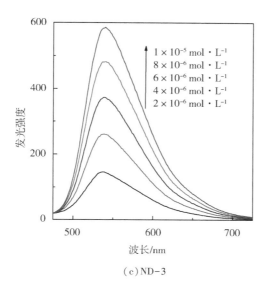

（c）ND-3

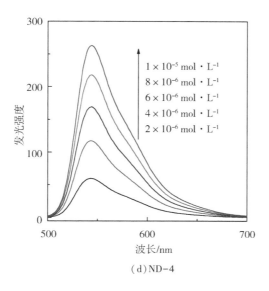

（d）ND-4

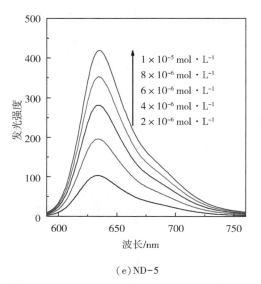

（e）ND-5

图 5.6 ND-1~ND-5 在不同浓度下的荧光光谱

注：20 ℃，溶剂为甲苯。

5.3.2.2 纳秒瞬态吸收光谱

瞬态吸收光谱用于研究激发态分子内质子转移染料的瞬态物种的来源。三重激发态和酮式异构体，二者均具有较长的寿命。对 ND-1~ND-4 进行了纳秒瞬态吸收光谱测试（图 5.7 和图 5.8）。ND-1 监测到了瞬态物种的微弱信号，在除氧溶液中寿命为 72.0 μs，而在有氧的条件下，其寿命急剧降低（τ_T = 0.59 μs）（表 5.1 和图 5.7）。这一结果与我们之前报道的 NI 与 HBT 共轭的化合物完全不同，在氧的存在下，其寿命变化很小（即激发态分子内质子转移产生的酮互变异构体）。由此可以得出，ND-1 的瞬态物种不是激发态分子内质子转移的酮式异构体，而是三重激发态。对于 ND-2，三重态的寿命 121.1 μs（图 5.7）。

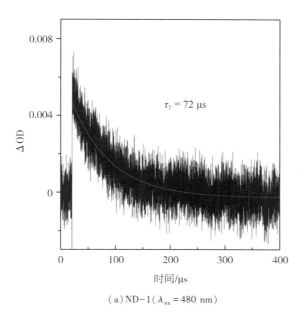

（a）ND-1（$\lambda_{ex} = 480$ nm）

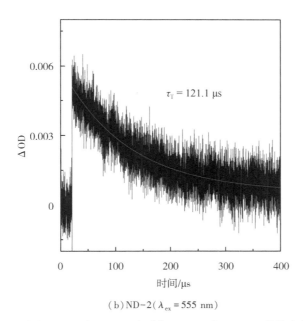

（b）ND-2（$\lambda_{ex} = 555$ nm）

图 5.7　化合物 ND-1 和 ND-2 分别在 400 nm 和 450 nm 处的寿命衰减曲线

注:浓度为 2.0×10^{-5} mol · L^{-1}。

ND-3 和 ND-4 具有较强的三重态信号。在 ND-3 中观察到了位于 480 nm 处的漂白带,与紫外可见吸收波长一致;同时在 350~450 nm 和 550~750 nm 范围出现了激发态吸收(ESA),如图 5.8(a)所示,且三重态寿命为 48.0 μs,如图 5.8(b)所示。ND-4 具有最长的三重态寿命(τ_T = 148.5 μs),如图 5.8(d)所示,比以往观测到的 NDI 发色团的三重态寿命(90.0 μs)长得多。在 380~480 nm 和 530~700 nm 出现激发态吸收,如图 5.8(c)所示,是典型的 NDI 的三重态吸收。

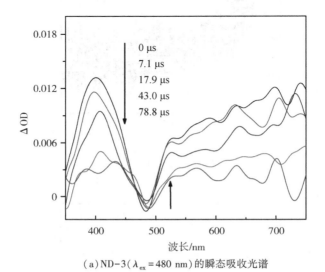

(a)ND-3(λ_ex = 480 nm)的瞬态吸收光谱

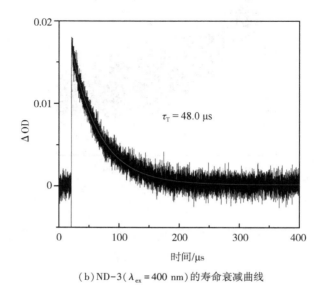

(b)ND-3(λ_ex = 400 nm)的寿命衰减曲线

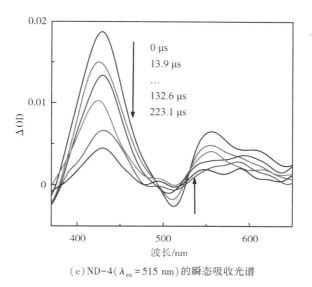

（c）ND-4（λ_{ex} = 515 nm）的瞬态吸收光谱

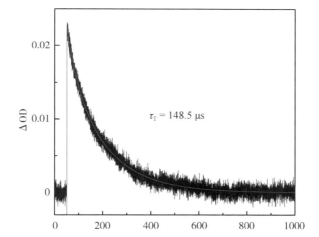

（d）ND-4（λ_{ex} = 430 nm）的寿命衰减曲线

图 5.8　光敏剂 ND-3 和 ND-4 的在除氧的甲苯中的纳秒瞬态吸收光谱和寿命衰减曲线

注：浓度 2.0×10⁻⁵ mol · L⁻¹,20 ℃。

5.3.2.3　密度泛函理论计算

分别计算 5 个化合物的紫外吸收、荧光发射等情况,并将计算结果整理出相应能级图,现列举部分化合物如 ND-1 和 ND-2。经过优化后,可以看出 ND-1 构型为平面型,最高占有轨道(HOMO)位于 NDI 和 HBT 部分(图5.9),表明两个单元之间存在明显的 π 共轭关系;最低空轨道(LUMO)位于 NDI 部分,因而有利于激发态分子内质子转移的发生(—OH 的酸性在光激发下可能会急剧增加)。计算得出烯醇式结构的发射波长为 643 nm(试验结果为 538 nm)。此外,我们发现在计算结果中除 $S_1 \rightarrow S_0$ 跃迁外,没有发现其他有效跃迁,排除了试验测得的顺式酮式结构的发光(682 nm)是烯醇式结构的其他更低能级的发射态,因而进一步确定 682 nm 处是酮式结构的发光。

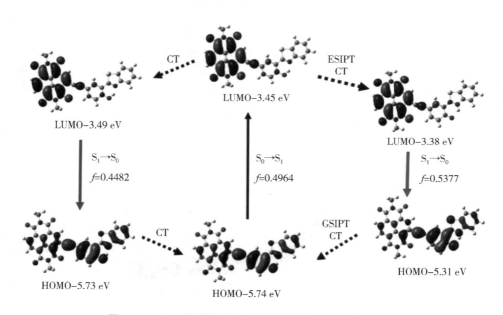

图 5.9　ND-1 的激发态和发射态的前线分子轨道能级图

注:CT 表示构型转化,采用 B3LYP/6-31G(d)泛函和基组,

溶剂为甲苯(左边为烯醇式结构,右边为顺式酮式结构)。

表 5.2　ND-1 的电子激发能,振子强度(f)及 CI 系数表

[基组为 TDDFT//B3LYP/6-31G(d)]

| 电子跃迁 | | 激发能 | 含时密度泛函/B3LYP/6-31G(d) | | |
			振子强度	跃迁轨道	CI 系数
吸收	$S_0 \rightarrow S_1$	2.14 eV(580 nm)	0.4964	$H \rightarrow L$	0.7039
	$S_0 \rightarrow S_6$	3.20 eV(388 nm)	0.3143	$H-3 \rightarrow L$	0.6927
	$S_0 \rightarrow S_7$	3.34 eV(371 nm)	0.4691	$H \rightarrow L+1$	0.6628
发光(enol)	$S_1 \rightarrow S_0$	1.93 eV(643 nm)	0.4482	$H \rightarrow L$	0.7051
发光(keto)	$S_1 \rightarrow S_0$	1.64 eV(745 nm)	0.5377	$H \rightarrow L$	0.7062

　　同时,还对顺式酮式(keto)结构进行相关量化计算,发射波长为 745 nm(试验结果为 682 nm),二者较为接近;并且顺式酮式结构的电子密度分散到 HBT 部分,这在一定程度上增加了顺式酮式结构在激发态的稳定性(表 5.2,图 5.9)。

　　从 ND-2 的密度泛函理论计算结果可以看出,烷胺基对 HOMO、LUMO 都有贡献(图 5.10),这是吸收波长红移的主要原因。计算得到 $S_0 \rightarrow S_1$ 的激发波长为 577 nm(振子强度为 0.5024),与试验结果(560 nm)非常接近。另一个激发波长为 388 nm($S_0 \rightarrow S_5$ 跃迁),归属为苯并噻唑的烯醇式结构的吸收;计算得出的发射波长为 629 nm,与试验结果 582 nm 比较接近(表 5.3,图 5.10)。

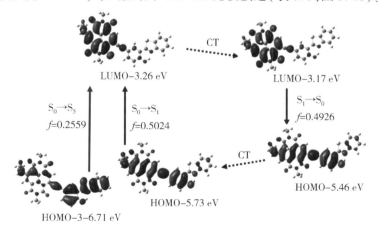

图 5.10　ND-2 的激发态和发射态的前线分子轨道能级图

注:CT 表示构型转化,采用 B3LYP/6-31G(d)泛函和基组,溶剂为甲苯。

表 5.3　N-2 的电子激发能,振子强度(f)及 CI 系数表

[基组为 TDDFT//B3LYP/6-31G(d)]

	电子跃迁	激发能	含时密度泛函/B3LYP/6-31G(d)		
			振子强度	跃迁轨道	CI 系数
吸收	$S_0 \to S_1$	2.15 eV(577 nm)	0.5024	$H \to L$	0.7043
	$S_0 \to S_5$	3.19 eV(388 nm)	0.2559	$H-3 \to L$	0.3027
				$H \to L+1$	0.6086
发光 (烯醇式)	$S_1 \to S_0$	1.97 eV (629 nm)	0.4926	$H \to L$	0.7052

5.3.3　光氧化 DPBF 验证并比较三重态的产生能力

为了验证三重态的产生及产生效率,我们将 ND-1～ND-5 应用于 1,3-二苯基异苯并呋喃(DPBF)的光氧化反应。三重态光敏剂在光激发下敏化氧气产生的单重态氧具有较高的活性,可以氧化 DPBF,因而单重态氧的产生可以通过 414 nm 处的吸光度变化来监测,位于 414 nm 处的吸收峰逐渐减弱,说明存在光敏剂可以有效产生三重激发态。

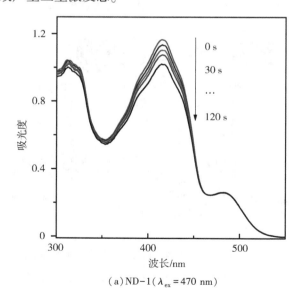

(a) ND-1(λ_{ex}=470 nm)

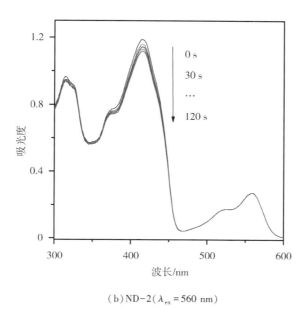

（b）ND-2（$\lambda_{ex} = 560$ nm）

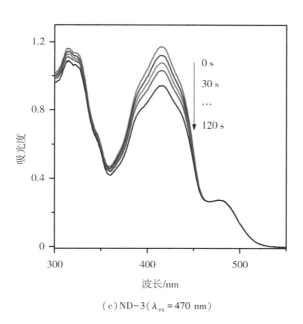

（c）ND-3（$\lambda_{ex} = 470$ nm）

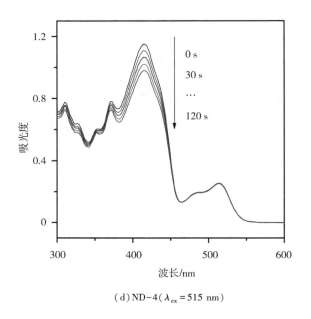

（d）ND-4（$\lambda_{ex} = 515$ nm）

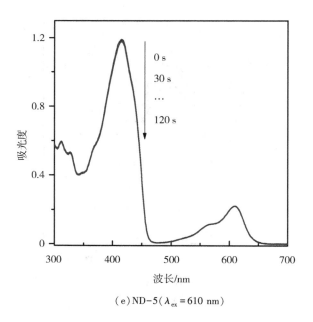

（e）ND-5（$\lambda_{ex} = 610$ nm）

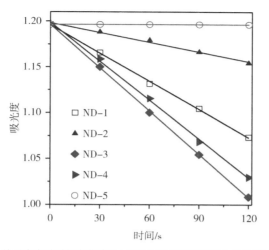

（f）414 nm 处吸光度随时间变化曲线（斜率大的直线表明敏化单重态氧量子产率高）

图 5.11　ND-1～ND-5 氧化 DPFB 紫外吸收变化图

从图 5.11(a)～(e)可以看出,ND-1～ND-4 均有不同程度的光氧化能力, ND-5 的光氧化能力较弱。从绘制的动力学曲线图[5.11(f)]可以看出,ND-1 的光氧化效率低于 ND-3,而 ND-4 的光氧化效率高于 ND-5,该结果与测得的 单重态氧量子产率一致(表5.1)。

5.4　本章小结

将 NDI 与 HBT 通过共轭和非共轭两种连接方式制备了化合物 (ND-1～ND-5)。与 HBT 相比,ND-1～ND-5 吸收波长都表现出明显红移 (483～611 nm),并获得了一个新的激发态分子内质子转移染料 N-1,其烯醇式 和顺式酮式异构体的发射峰分别为 538 nm 和 682 nm。纳秒瞬态吸收光谱结果 表明,N-1～N-4 在光激发下均产生了三重态,并获得长寿命的三重态激发态 (高达 148.5 μs)。通过光氧化反应进一步证实了所有化合物在光激发下均产 生三重激发态,其中 N-3 和 N-4 具有较强的光氧化能力。

附录　主要化合物表征谱图

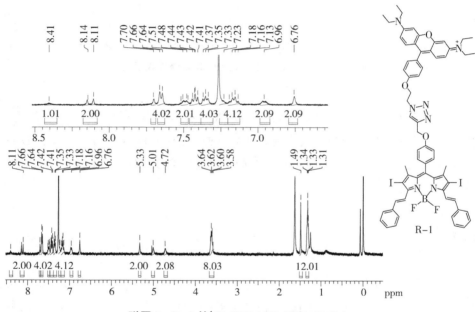

附图 1　R-1 的 ^{1}H-NMR（400 MHz，CDCl$_3$）

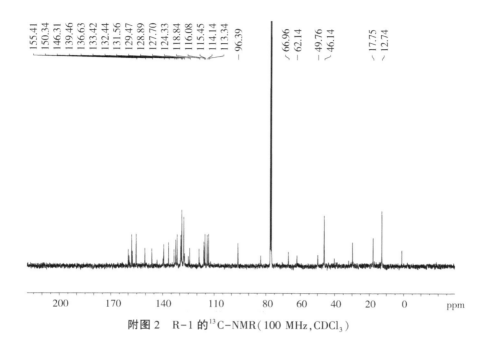

附图2　R-1 的 ^{13}C-NMR（100 MHz，CDCl$_3$）

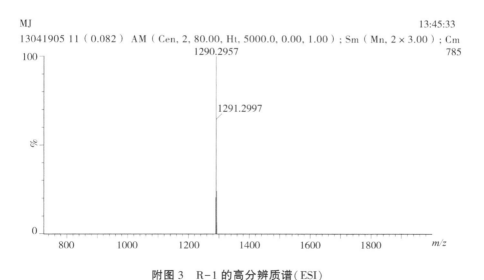

附图3　R-1 的高分辨质谱（ESI）

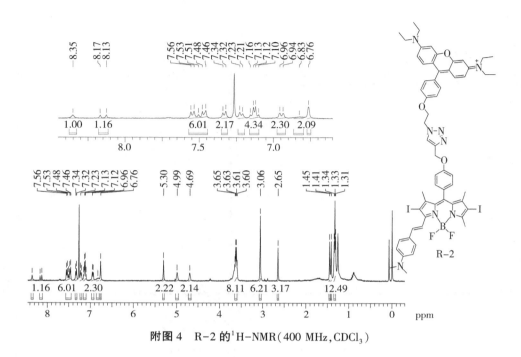

附图 4　R-2 的 ^{1}H-NMR（400 MHz，CDCl$_3$）

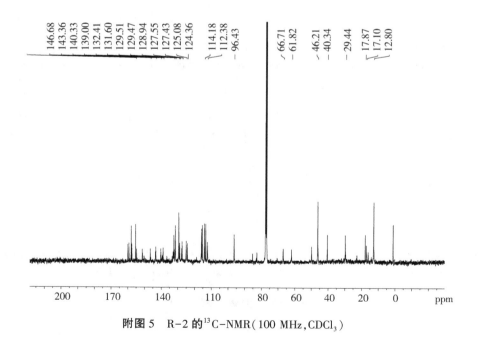

附图 5　R-2 的 ^{13}C-NMR（100 MHz，CDCl$_3$）

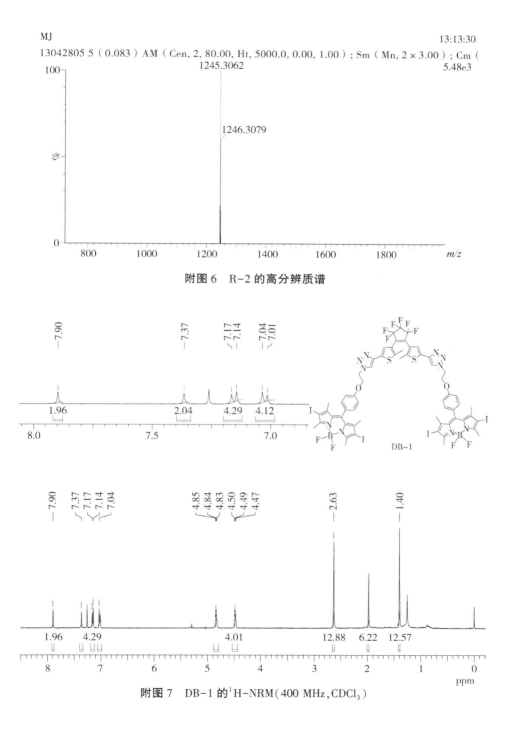

附图6　R-2 的高分辨质谱

附图7　DB-1 的 ^{1}H-NRM（400 MHz，CDCl$_3$）

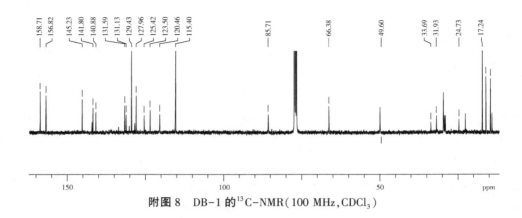

附图8　DB-1 的 ^{13}C-NMR(100 MHz, CDCl$_3$)

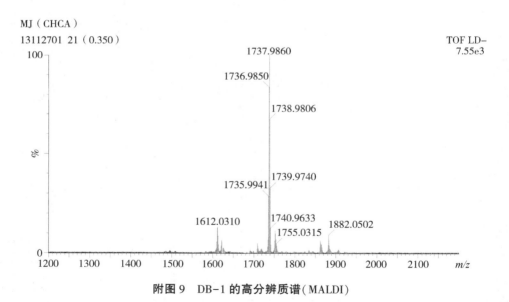

附图9　DB-1 的高分辨质谱(MALDI)

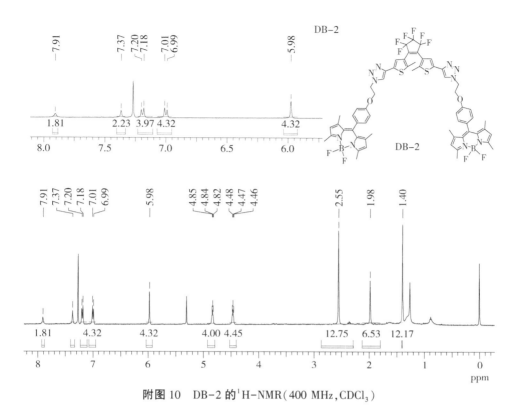

附图 10 DB-2 的 ^{1}H-NMR(400 MHz,CDCl$_3$)

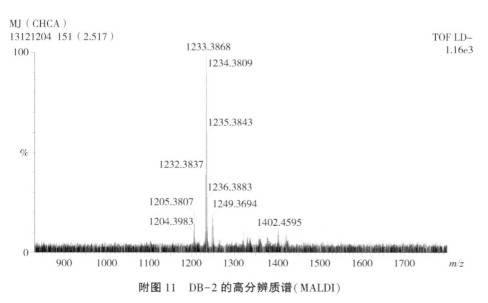

附图 11 DB-2 的高分辨质谱(MALDI)

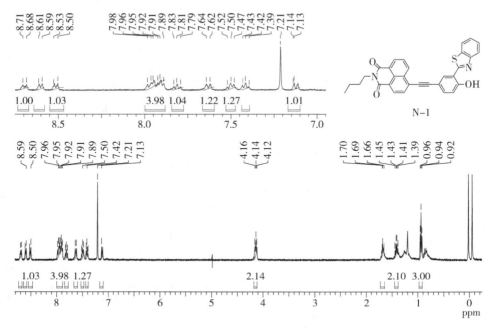

附图 12　N-1 的 ^{1}H-NMR(400 MHz,CDCl$_3$)

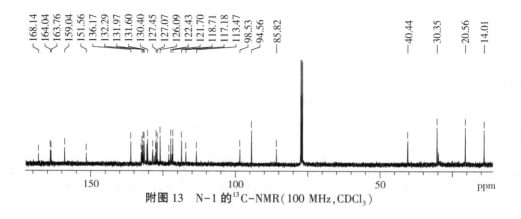

附图 13　N-1 的 ^{13}C-NMR(100 MHz,CDCl$_3$)

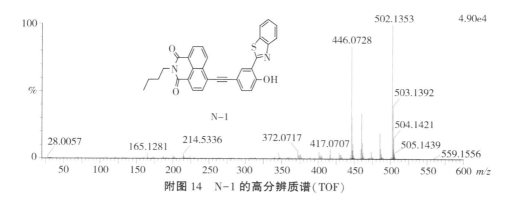

附图 14　N-1 的高分辨质谱(TOF)

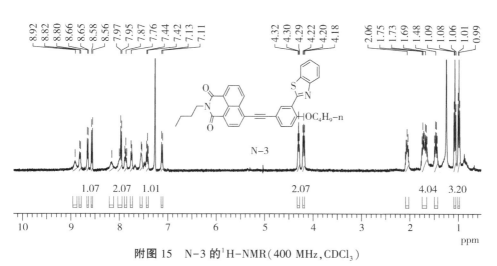

附图 15　N-3 的 ^{1}H-NMR(400 MHz,CDCl$_3$)

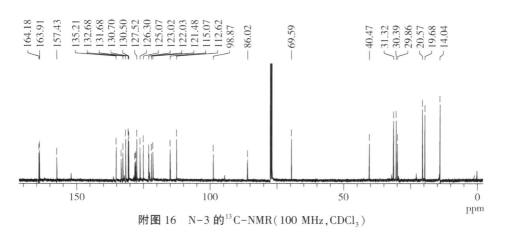

附图 16　N-3 的 ^{13}C-NMR(100 MHz,CDCl$_3$)

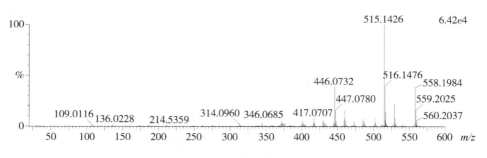

附图 17　N-3 的高分辨质谱（TOF）

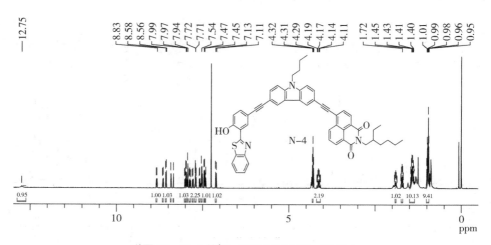

附图 18　N-4 的 ^{1}H-NMR（400 MHz，CDCl$_3$）

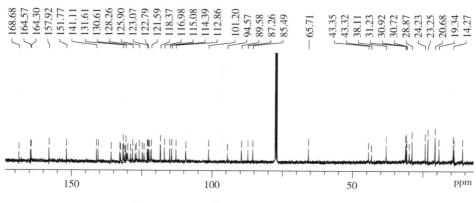

附图 19　N-4 的 ^{13}C-NMR（100 MHz，CDCl$_3$）

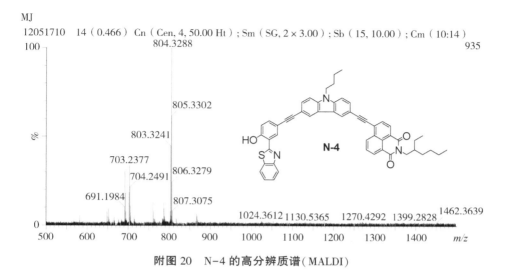

附图20　N-4 的高分辨质谱（MALDI）

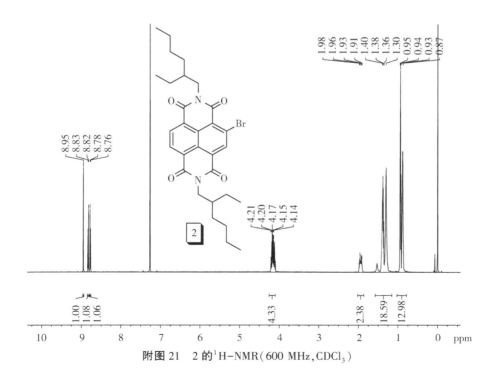

附图21　2 的 ^{1}H-NMR（600 MHz，CDCl$_3$）

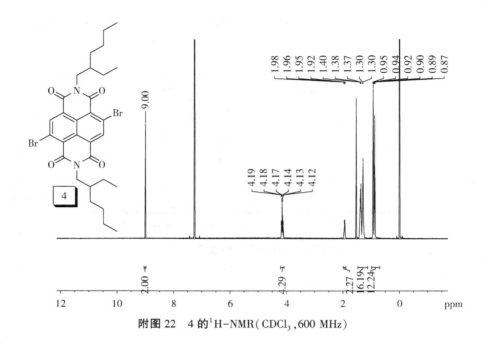

附图22　4 的 ^{1}H-NMR（CDCl$_3$，600 MHz）

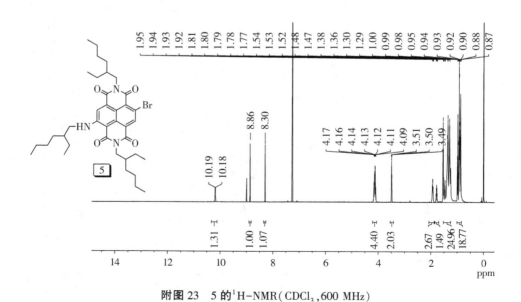

附图23　5 的 ^{1}H-NMR（CDCl$_3$，600 MHz）

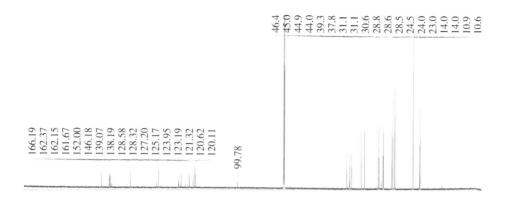

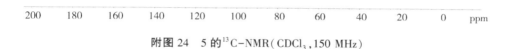

附图 24　5 的 ^{13}C-NMR（CDCl$_3$，150 MHz）

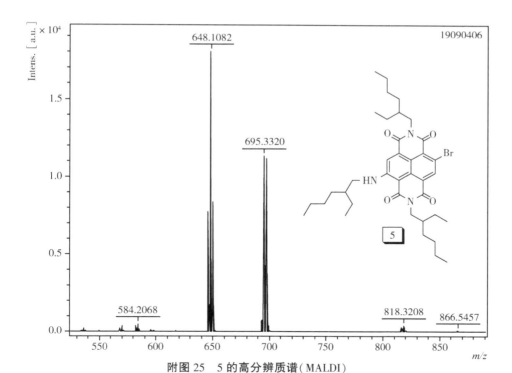

附图 25　5 的高分辨质谱（MALDI）

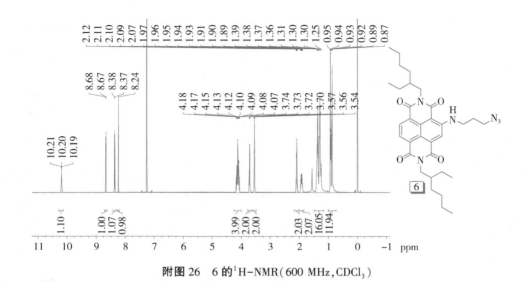

附图 26　6 的 ^{1}H-NMR（600 MHz，CDCl${}_3$）

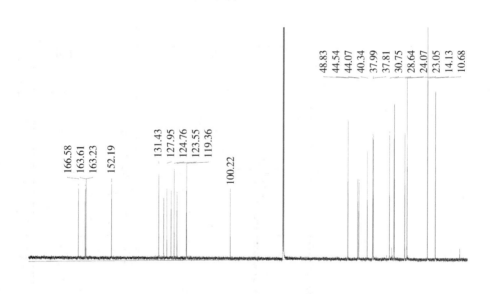

附图 27　6 的 ^{13}C-NMR（150 MHz，CDCl${}_3$）

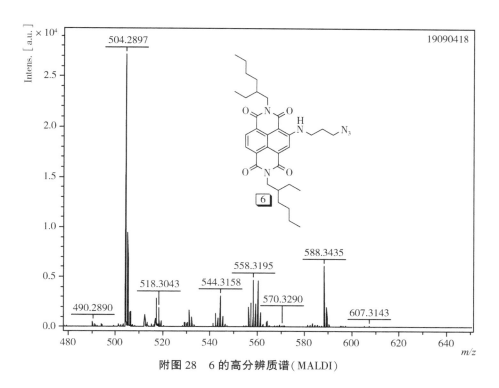

附图28 6的高分辨质谱(MALDI)

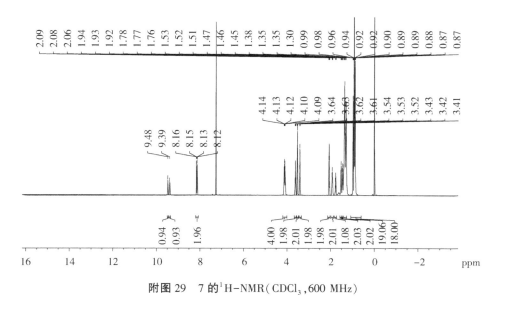

附图29 7的^{1}H-NMR(CDCl$_3$,600 MHz)

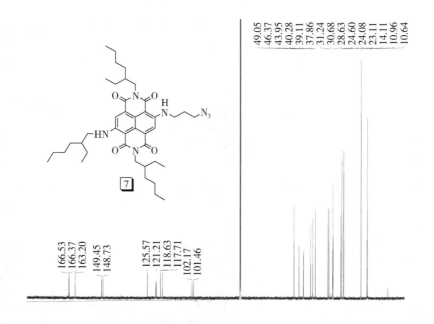

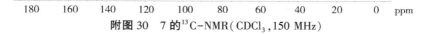

附图 30 7 的 ^{13}C-NMR（CDCl$_3$, 150 MHz）

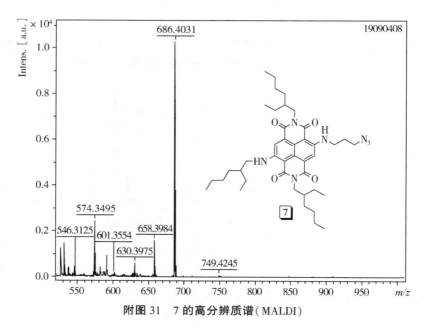

附图 31 7 的高分辨质谱（MALDI）

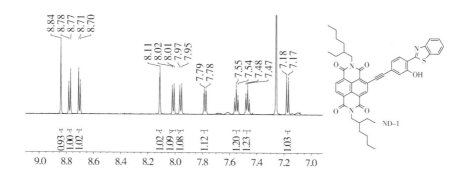

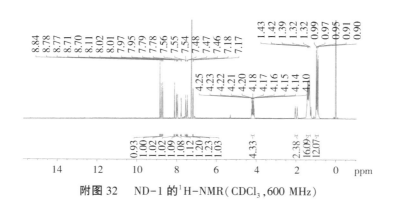

附图 32　ND-1 的 ^{1}H-NMR（CDCl$_3$, 600 MHz）

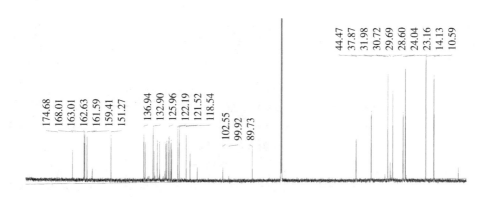

附图 33   ND-1 的 ^{13}C-NMR（CDCl$_3$，150 MHz）

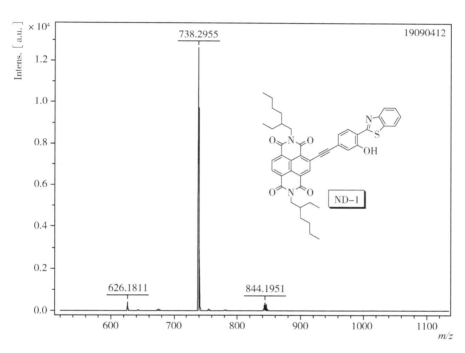

附图 34　ND-1 的高分辨质谱(MALDI)

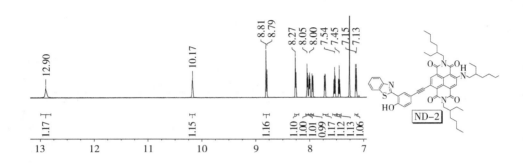

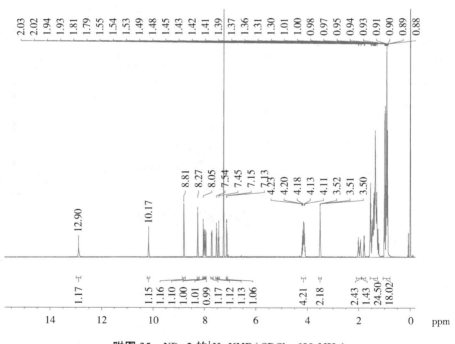

附图 35　ND-2 的 ^{1}H-NMR（CDCl$_3$，600 MHz）

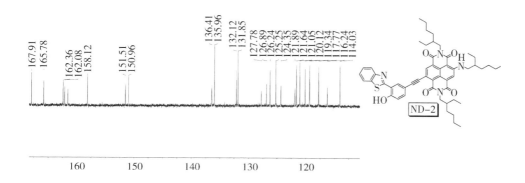

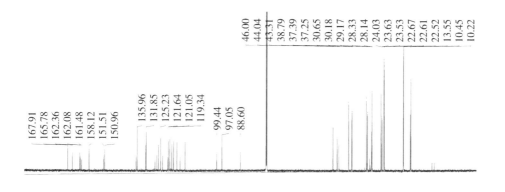

附图 36　ND-1 的 ^{13}C-NMR(CDCl$_3$, 150 MHz)

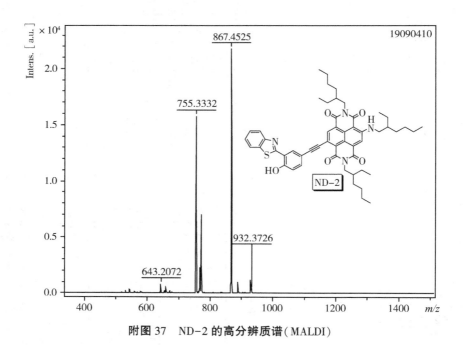

附图 37　ND-2 的高分辨质谱（MALDI）

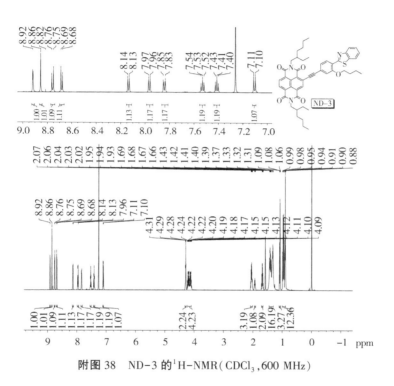

附图 38 ND-3 的 ^{1}H-NMR(CDCl$_3$,600 MHz)

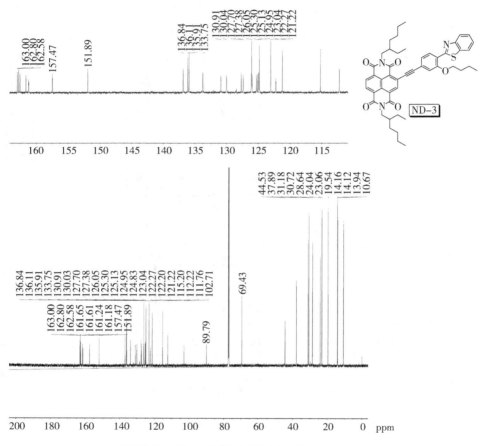

附图 39 ND-3 的 ^{13}C-NMR(CD$_3$Cl,150 MHz)

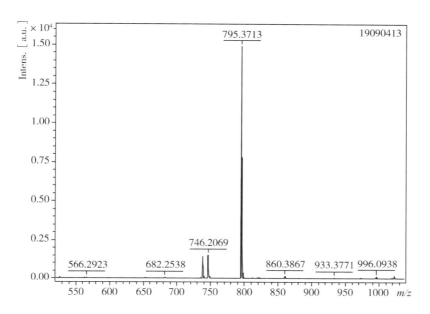

附图40　ND-3 的高分辨质谱(MALDI)

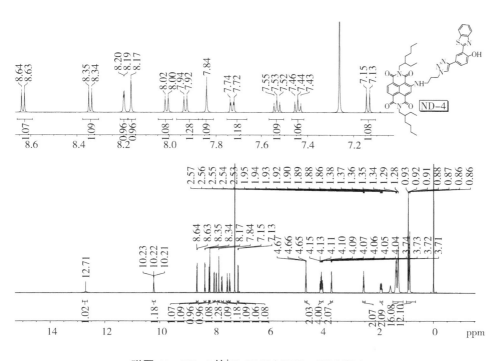

附图41　ND-4 的¹H-NMR(CDCl₃,600 MHz)

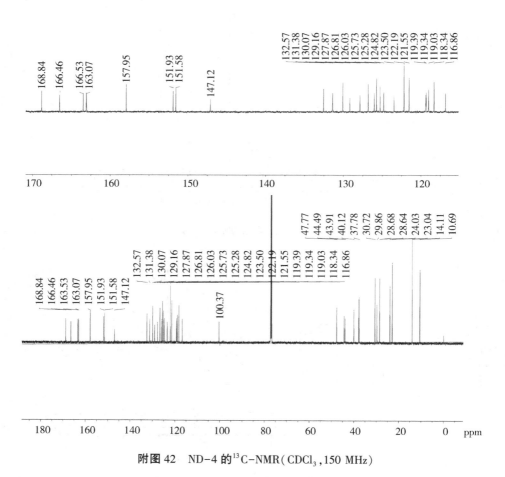

附图 42　ND-4 的 ^{13}C-NMR（CDCl$_3$，150 MHz）

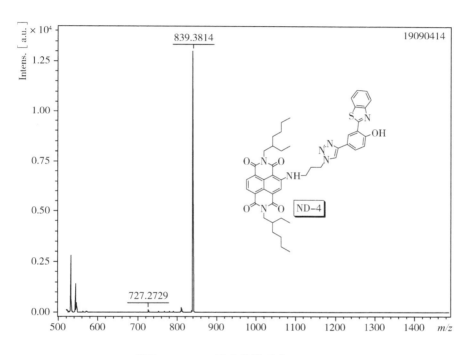

附图 43　ND-4 的高分辨质谱(MALDI)

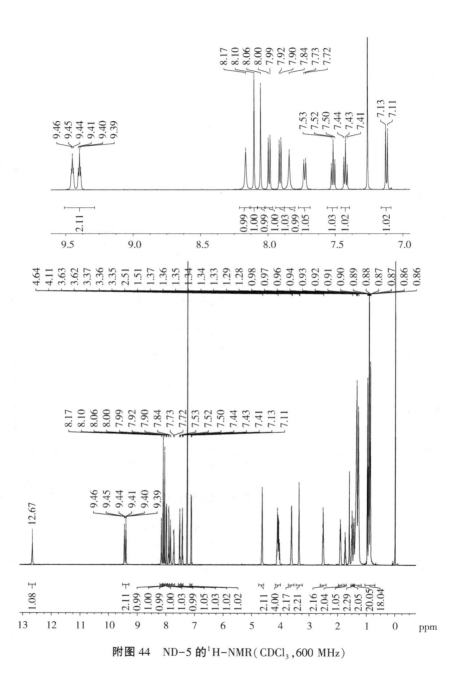

附图 44　ND-5 的 ^{1}H-NMR（CDCl$_3$，600 MHz）

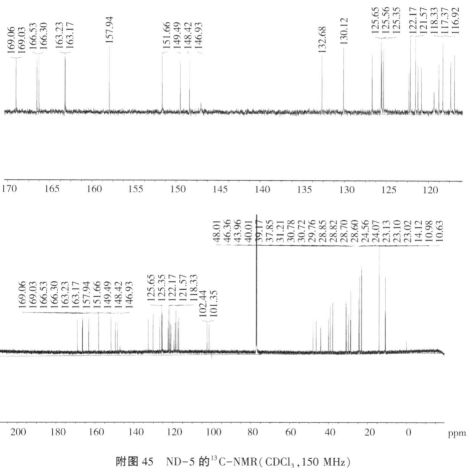

附图45 ND-5 的^{13}C-NMR(CDCl$_3$,150 MHz)

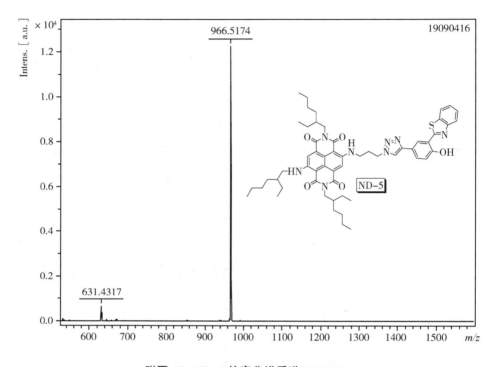

附图46　ND-5 的高分辨质谱(MALDI)

参考文献

[1] LAKOWICZ J R. Principles of fluorescence spectroscopy[M]. 2nd ed. New York: Kluwer Academic/Plenum Publishers, 1999.

[2] 樊美公, 姚建年, 佟振合, 等. 分子光化学与光功能材料科学[M]. 北京: 科学出版社, 2009.

[3] TURRO N J, RAMAMURTHY V, SCAIANO J C. Principles of molecular photochemistry: An Introduction [M]. Sausalito, CA: University Science Books, 2009.

[4] WU W H, JI S M, WU W T, et al. Ruthenium(Ⅱ)-polyimine-coumarin light-harvesting molecular arrays: design rationale and application for triplet-triplet-annihilation-based upconversion[J]. Chemistry-A European Journal, 2012, 18 (16): 4953-4964.

[5] JI S, WU W, WU W, et al. Ruthenium(Ⅱ) polyimine complexes with a long-lived ^{3}IL excited state or a ^{3}MLCT/^{3}IL equilibrium: efficient triplet sensitizers for low-power upconversion[J]. Angewandte Chemie International Edition, 2011, 50(7): 1626-1629.

[6] ISLANGULOV R R, KOZLOV D V, CASTELLANO F N. Low power upconversion using MLCT sensitizers[J]. Chemical Communications, 2005, 2005(30): 3776-3778.

[7] KALYANASUNDARAM K, GRÄTZEL M. Applications of functionalized transition metal complexes in photonic and optoelectronic devices [J]. Coordination Chemistry Reviews, 1998, 177(1): 347-414.

[8] SINGH-RACHFORD T N, CASTELLANO F N. Supra-nanosecond dynamics of

a red-to-blue photon upconversion system[J]. Inorganic Chemistry2009,48(6):2541-2548.

[9]SINGH-RACHFORD T N, CASTELLANO F N. Pd(Ⅱ) phthalocyanine-sensitized triplet-triplet annihilation from rubrene[J]. The Journal of Physical Chemistry A,2008,112(16):3550-3556.

[10]BALUSCHEV S, YAKUTKIN V, MITEVA T, et al. Blue-green up-conversion: noncoherent excitation by NIR light[J]. Angewandte Chemie,2007,46(40): 7693-7696.

[11]JURIS A, BALZANI V, BARIGELLETTI F, et al. Ru(Ⅱ) polypyridine complexes:photophysics,photochemistry,eletrochemistry,and chemiluminescence [J]. Coordination Chemistry Reviews,1988,84:85-277.

[12]HISSLER M, CONNICK W B, GEIGER D K, et al. Platinum diimine bis (acetylide) complexes:synthesis,characterization,and luminescence properties [J]. Inorganic Chemistry,2000,39(3):447-457.

[13]DU P W,EISENBERG R. Energy upconversion sensitized by a platinum(Ⅱ) terpyridyl acetylide complex[J]. Chemical Science,2010,1(4):502-506.

[14]SUN H Y, GUO H M, WU W T, et al. Coumarin phosphorescence observed with N^N Pt(Ⅱ) bisacetylide complex and its applications for luminescent oxygen sensing and triplet-triplet-annihilation based upconversion[J]. Dalton transactions,2011,40(31):7834-7841.

[15]GALLETTA M, CAMPAGNA S, QUESADA M, et al. The elusive phosphorescence of pyrromethene-BF2 dyes revealed in new multicomponent species containing Ru(Ⅱ)-terpyridine subunits[J]. Chemical Communications,2005,1(33):4222-4224.

[16]CHENG T Y,XU Y F,ZHANG S Y,et al. A highly sensitive and selective OFF-ON fluorescent sensor for cadmium in aqueous solution and living cell[J]. Journal of the American Chemical Society,2008,130(48):16160-16161.

[17]OKAFOR I C, HA T. Single molecule FRET analysis of CRISPR Cas9 single guide RNA folding dynamics[J]. The Journal of Physical Chemistry. B,2023, 127(1):45-51.

[18]MEDLYCOTT E A,HANAN G S. Designing tridentate ligands for ruthenium (Ⅱ) complexes with prolonged room temperature luminescence lifetimes[J].

Chemical Society Reviews, 2005, 34(2):133-142.

[19]GRACZYK A, MURPHY F A, NOLAN D, et al. Terpyridine − fused polyaromatic hydrocarbons generated via cyclodehydrogenation and used as ligands in Ru (Ⅱ) complexes [J]. Dalton Transactions, 2012, 41 (25): 7746-7754.

[20]MEDLYCOTT E A, HANAN G S. Synthesis and properties of monoand oligonuclear Ru(Ⅱ) complexesof tridentate ligands: The quest for long−lived excited states at room temperature[J]. Coordination Chemistry Reviews, 2006, 250(13-14):1763-1782.

[21]JI S M, WU W H, WU W T, et al. Tuning the luminescence lifetimes of ruthenium (Ⅱ) polypyridine complexes and its application in luminescent oxygen sensing [J]. Journal of Materials Chemistry, 2010, 20 (10): 1953-1963.

[22]TYSON D S, CASTELLANO F N. Light − harvesting arrays with coumarin donors and MLCT acceptors [J]. Inorganic Chemistry, 1999, 38 (20): 4382-4383.

[23]TYSON D S, LUMAN C R, ZHOU X L, et al. New Ru(Ⅱ) chromophores with extended excited−state lifetimes[J]. Inorganic Chemistry, 2001, 40(6):4063-4071.

[24]WU W H, SUN J F, CUI X N, et al. Observation of the room temperature phosphorescence of Bodipy in visible light − harvesting Ru (Ⅱ) polyimine complexes and application as triplet photosensitizers for triplet − triplet − annihilation upconversion and photocatalytic oxidation[J]. Journal of Materials Chemistry C, 2013, 1(30):4577-4589.

[25]POMESTCHENKO I E, LUMAN C R, HISSLER M, et al. Room temperature phosphorescence from a platinum(Ⅱ) diimine bis (pyrenylacetylide) complex [J]. Inorganic Chemistry, 2003, 42(5):1394-1396.

[26]HUANG, L, ZENG L, GUO H M, et al. Room−temperature long−lived ^{3}IL excited state of rhodamine in an N^N Pt Ⅱ bis(acetylide)complex with intense visible−light absorption[J]. European Journal of Inorganic Chemistry, 2011, 2011(29):4527-4533.

[27]LIU Y F, WU W H, ZHAO J Z, et al. Accessing the long−lived near−IR−

emissive triplet excited state in naphthalenediimide with light – harvesting diimine platinum（Ⅱ）bisacetylide complex and its application for upconversion [J]. Dalton transactions,2011,40(36):9085-9089.

[28]WU W H,LIU L L,CUI X N,et al. Red－light－absorbing diimine Pt(Ⅱ) bisacetylide complexes showing near－IR phosphorescence and long－lived ^{3}IL excited state of Bodipy for application in triplet － triplet annihilation upconversion[J]. Dalton transactions,2013,42(40):14374-14379.

[29]WU W H,ZHAO J Z,SUN J F,et al. Red－light excitable fluorescent platinum (Ⅱ) bis(aryleneethynylene) bis(trialkylphosphine) complexes showing strong absorption of visible light and long － lived triplet excited state as triplet photosensitizers for triplet－triplet annihilation upconversions[J]. Journal of Materials Chemistry C,2013,1(4):705-716.

[30]WU W H,ZHAO J Z,GUO H M,et al. Long－lived room－temperature near－IR phosphorescence of BODIPY in a visible－light－harvesting N^C^N Pt Ⅱ－ acetylide complex with a directly metalated BODIPY chromophore [J]. Chemistry－A European Journal,2012,18(7):1961-1968.

[31]GORMAN A,KILLORAN J,O'SHEA C,et al. In vitro demonstration of the heavy－atom effect for photodynamic therapy[J]. Journal of the American Chemical Society,2004,126(34):10619-10631.

[32]YOGO T,URANO Y,ISHITSUKA Y,et al. Highly efficient and photostable photosensitizer based on BODIPY chromophore[J]. Journal of the American Chemical Society,2005,127(35):12162-12163.

[33]WU W H,GUO H M,WU WT,et al. Organic triplet sensitizer library derived from a single chromophore (BODIPY) with long－lived triplet excited state for triplet－triplet annihilation based upconversion [J]. The Journal of Organic Chemistry,2011,76(17):7056-7064.

[34]PERUN S,TATCHEN J,MARIAN C M. Singlet and triplet excited states and intersystem crossing in free－base porphyrin:TDDFT and DFT/MRCI study[J]. ChemPhysChem,2008,9(2):282-292.

[35]KIM S H,KIM H,JEONG H,et al. Encoding multiple virtual signals in DNA barcodes with single － molecule FRET [J]. Nano Letters, 2021, 21 (4): 1694-1701.

[36]KUMAR V,SAINI S K,CHOUDHURY N,et al. Highly sensitive detection of nitro compounds using a fluorescent copolymer-based FRET system[J]. ACS Applied Polymer Materials,2021,3(8):4017-4026.

[37] CAKMAK Y, KOLEMEN S, DUMAN S. Designing excited states: theory - guided access to efficient photosensitizers for photodynamic action [J]. Angewandte Chemie-International Edition,2011,50(50):11937-11941.

[38] ARBOGAST J W, DARMANYAN A P, FOOTE C S, et al. Photophysical properties of sixty atom carbon molecule (C60) [J]. The Journal of Physical Chemistry,1991,95(1):11-12.

[39] ZIESSEL R, ALLEN B D, REWINSKA D B, et al. Selectivetriplet - state formation during charge recombination in a fullerene/Bodipy molecular dyad (Bodipy = Borondipyrromethene) [J]. Chemistry - A European Journal, 2009, 15(30):7382-7393.

[40]NAKAMURA Y,TAKI M,TOBITA S,et al. Photophysical properties of various regioisomers of [60] fullerene-o-quinodimethane bisadducts[J]. Journal of the Chemical Society,Perkin Transactions 2,1999(1):127-130.

[41]GHOSH R,JAYAKANNAN M. Theranostic FRET gate to visualize and quantify bacterial membrane breaching [J]. Biomacromolecules, 2023, 24 (2): 739-755.

[42]TANG G L, YANG W B, ZHAO J Z. Naphthalimide - carbazole compact electron donor - acceptor dyads: effect of molecular geometry and electron - donating capacity on the spin-orbit charge transfer intersystem crossing[J]. The Journal of Physical Chemistry A,2022,126(23):3653-3668.

[43]LIU J Y, EI - KHOULY M E, FUKUZUMI S, et al. Photoinduced electron transfer in a distyryl BODIPY - fullerene dyad [J]. Chemistry, an Asian Journal,2011,6(1):174-179.

[44]AMIN A N, EI - KHOULYY M E, SUBBAIYAN N K, et al. A novel BF2 - chelated azadipyrromethene - fullerene dyad: synthesis, electrochemistry and photodynamics[J]. Chemical Communications,2012,48(2):206-208.

[45] YANG P, WU W H, ZHAO J Z, et al. Using C_{60}-bodipy dyads that show strong absorption of visible light and long-lived triplet excited states as organic triplet photosensitizers for triplet-triplet annihilation upconversion [J]. Journal of Materials Chemistry, 2012, 22(38): 20273-20283.

[46] HUANG D D, ZHAO J Z, WU W H, et al. Visible-Light-Harvesting triphenylamine ethynyl C_{60}-BODIPY dyads as heavy-atom-free organic triplet photosensitizers for triplet-triplet annihilation upconversion [J]. Asian Journal of Organic Chemistry, 2012, 1(3): 264-273.

[47] XUAN J, XIAO W J. Visible-light photoredox catalysis [J]. Angewandte Chemie, 2012, 51(28): 6828-6838.

[48] PIRADI V, FENG G T, IMRAN M, et al. Indacenodithiophene bridged dimeric porphyrin donor and absorption complementary indacenodithiophene acceptor for nonfullerene organic photovoltaics [J]. ACS Applied Energy Materials, 2023, 6(5): 3032-3041.

[49] SHI L, XIA W J. Photoredox functionalization of C-H bonds adjacent to a nitrogen atom [J]. Chemical Society Reviews, 2012, 41(23): 7687-7697.

[50] FUKUZUMI S, OHKUBO K. Selective photocatalytic reactions with organic photocatalysts [J]. Chemical Science, 2013, 4(2): 561-574.

[51] XI Y M, YI H, LEI A W. Synthetic applications of photoredox catalysis with visible light [J]. Organic and Biomolecular Chemistry, 2013, 11(15): 2387-2403.

[52] TUCKER J W, STEPHENSON C R J. Shining light on photoredox catalysis: theory and synthetic applications [J]. The Journal of Organic Chemistry, 2012, 77(4): 1617-1622.

[53] ZOU Y Q, CHEN J R, LIU X P. Highly efficient aerobic oxidative hydroxylation of arylboronic acids: photoredox catalysis using visible light [J]. Angewandte Chemie International Edition, 2012, 124(3): 808-812.

[54] TAKIZAWA S Y, ABOSHI R, MURATA S. Photooxidation of 1, 5-dihydroxynaphthalene with iridium complexes as singlet oxygen sensitizers [J].

Photochemical & Photobiological Sciences,2011,10(6):895-903.

[55]SUN J F, ZHAO J Z, GUO H M, et al. Visible-light harvesting iridium complexes as singlet oxygen sensitizers for photooxidation of 1, 5-dihydroxynaphthalene [J]. Chemical Communications, 2012, 48 (35): 4169-4171.

[56]LIU Y, ZHAO J. Visible light-harvesting perylenebisimide-fullerene (C_ (C60)) dyads with bidirectional "ping-pong" energy transfer as triplet photosensitizers for photooxidation of 1, 5-dihydroxynaphthalenew [J]. Chemical Communications,2012,48(31):3751-3753.

[57]HUANG L,YU X,WU W,et al. Styryl bodipy-C60 dyads as efficient heavy-atom-free organic triplet photosensitizers[J]. Organic Letters,2012,14(10): 2594-2597.

[58]HUANG L, ZHAO J Z, GUO S, et al. Bodipy derivatives as organic triplet photosensitizers for aerobic photoorganocatalytic oxidative coupling of amines and photooxidation of dihydroxylnaphthalenes [J]. The Journal of Organic Chemistry,2013,78(11):5627-5637.

[59]HUANG L, ZHAO J Z. C60-Bodipy dyad triplet photosensitizers as organic photocatalysts for photocatalytic tandem oxidation/[3+2] cycloaddition reactions to prepare pyrrolo [2, 1-a] isoquinoline [J]. Chemical Communications,2013,49(36):3751-3753.

[60]THOMAS A P,SANEESH BABU P S,ASHA N S,et al. [Meso-Tetrakis(p-sulfonatophenyl) N-confused porphyrin tetrasodium salt:A potential sensitizer for photodynamic therapy[J]. Journal of Medicinal Chemistry,2012,55(11): 5110-5120.

[61]LAU J T F,LO P C,FONG W P,et al. A Zinc(II)phthalocyanine conjugated with an oxaliplatin derivative for dual chemo- and photodynamic therapy[J]. Journal of Medicinal Chemistry,2012,55(11):5446-5454.

[62]WANG H J,LIU Z Y,WANG S. MC540 and upconverting nanocrystal coloaded polymeric liposome for near-infrared light-triggered photodynamic therapy and

cell fluorescent imaging[J]. ACS Applied Materials Interfaces, 2014, 6(5):
3219-3225.

[63] TIAN J W, DING L, XU H J, et al. Cell-specific and pH-activatable rubyrin-
loaded nanoparticles for highly selective near-infrared photodynamic therapy
against cancer[J]. Journal of the American Chemical Society, 2013, 135(50):
18850-18858.

[64] PARKER C A, HATCHARD C G. Delayed fluorescence from solutions of
anthracene and phenanthrene [J]. Proceedings of the Royal Society A:
Mathematical, Physical and Engineering Sciences, 1962, 269 (1339):
574-584.

[65] MEINARDI F, TUBINO R, MONGUZZI A. Upconversion-induced delayed
fluorescence in multicomponent organic systems: Role of Dexter energy transfer
[J]. Physical Review B, 2008, 77(15): 155122.

[66] KOZLOV D V, CASTELLANO F N. Anti-Stokes delayed fluorescence from
metal-organic bichromophores[J]. Chemical Communications, 2004, 4(24):
2860-2861.

[67] JI S M, GUO H M, WU W T, et al. Ruthenium(II)polyimine-coumarin dyad
with non-emissive ^{3}IL excited state as sensitizer for triplet-triplet annihilation
based upconversion[J]. Angewandte Chemie International Edition, 2011, 50
(36): 8283-8286.

[68] GUO S, WU W H, GUO H M, et al. Room-temperature long-lived triplet
excited states of naphthalenediimides and their applications as organic triplet
photosensitizers for photooxidation and triplet-triplet annihilation upconversions
[J]. The Journal of Organic Chemistry, 2012, 77(8): 3933-3943.

[69] WU W H, ZHAO J Z, SUN J F, et al. Light-harvesting fullerene dyads as
organic triplet photosensitizers for triplet-triplet annihilation upconversions[J].
The Journal of Organic Chemistry, 2012, 77(12): 5305-5312.

[70] FÖRSTER T. Intrmolecular energy migration and fluorescence[J]. Annals of
Physics, 1948, 2: 55.

[71]ALBINI A, FAGNONI M, GIACOMO C. Concept of green chemistry[J]. ChemSusChem,2008,1:63−66.

[72]ZHANG X L,XIAO Y,QIAN X H. Highly efficient energy transfer in the light harvesting system composed of three kinds of boron−dipyrromethene derivatives [J]. Organic Letters,2008,10(1):29−32.

[73]KOSTERELI Z,OZDEMIR T,BUYUKCAKIR O,et al. Tetrastyryl−BODIPY− based dendritic light harvester and estimation of energy transfer efficiency[J]. Organic Letters,2012,14(14):3636−3639.

[74]SHIU H Y, WONG M K, CHE C M. Turn−on FRET−based luminescent iridium(Ⅲ) probes for the detection of cysteine and homocysteine [J]. Chemical Communications,2011,47(15):4367−4369.

[75]CHEN G W, SONG F L, WANG J Y, et al. FRET spectral unmixing: A ratiometric fluorescent nanoprobe for hypochlorite [J]. Chemical Communications,2012,48(24):2949−2951.

[76]HSIEH M C, CHIEN C H, CHANG C C, et al. Aggregation induced photodynamic therapy enhancement based on linear and nonlinear excited FRET of fluorescent organic nanoparticles[J]. Journal of Materials Chemistry B,2013,1(18):2350−2357.

[77]ZIESSEL R, ALLEN B D, REWINSKA D B, et al. Selective triplet−State formation during charge recombination in a fullerene/bodipy molecular dyad (Bodipy=Borondipyrromethene)[J]. Chemistry−A European Journal,2009, 15(30):7382−7393.

[78]ZHANG C S,ZHAO J Z,WU S,et al. Intramolecular RET enhanced visible light−absorbing Bodipy organic triplet photosensitizers and application in photooxidation and triplet−triplet annihilation upconversion[J]. Journal of the American Chemical Society,2013,135(28):10566−10578.

[79]GUO S, MA L H, ZHAO J Z, et al. Bodipy triads triplet photosensitizers enhanced with intramolecular resonance energy transfer (RET): broadband visible light absorption and application in photooxidation [J]. Chemical

Science,2014,5(2):489-500.

[80]EI-KHOULY M E,AMIN A N,ZANDLER M E,et al. Near-IR excitation transfer and electron transfer in a BF2-chelated dipyrromethane-azadipyrromethane dyad and triad[J]. Chemistry-A European Journal,2012, 18(17):5239-5247.

[81]TOSIC O,ALTENHONER K,MATTAY J. Photochromic dithienylethenes with extended p-systems[J]. Photochemical & Photobiological Sciences,2010,9 (2):128-130.

[82]TAKAMI S,KUROKI L,IRIE M. Photochromism of mixed crystals containing bisthienyl and bisoxazolylethene derivatives [J]. Journal of the American Chemical Society,2007,129(23):7319-7326.

[83]MORI K,ISHIBASHI Y,MATSUDA H,et al. One-color reversible control of photochromic reactions in a diarylethene derivative:three-photon cyclization and two-photon cycloreversion by a near-infrared femtosecond laser pulse at 1. 28 μm [J]. Journal of the American Chemical Society, 2011, 133 (8): 2621-2625.

[84]OSUKA A, FUJIKANE D, SHINMORI H, et al. Synthesis and photoisomerization of dithienylethene-bridged diporphyrins[J]. The Journal of Organic Chemistry 2001,66(11):3913-3923.

[85]MIERLOO S,HADIPOUR A,SPIJKMAN M J,et al. Improved photovoltaic performance of a semicrystalline narrow bandgap copolymer based on 4H-Cyclopenta[2,1-b:3,4-b]dithiophene donor and thiazolo[5,4-d]thiazole acceptor units[J]. Chemistry of Materials,2012,24(3):587-593.

[86]BRAYSHAW S K,SCHIFFERS S,STEVENSON A J,et al. Highly efficient visible-light driven photochromism:developments towards a solid-state molecular switch operating through a triplet-sensitised pathway[J]. Chemistry-A European Journal,2011,17(16):4385-4395.

[87]GOLOVKOVA T A,KOZLOV D V,NECKERS D C. Synthesis and properties of novel fluorescent switches[J]. The Journal of Organic Chemistry, 2005, 70

（14）:5545-5549.

[88] JUKES R T F, ADAMO V, HARTA F, et al. Photochromic dithienylethene derivatives containing Ru（Ⅱ）or Os（Ⅱ）metal units sensitized photocyclization from a triplet state［J］. Inorganic Chemistry, 2004, 43（9）: 2779-2792.

[89] CHAN J C H, LAM W H, WONG H L, et al. Diarylethene-containing cyclometalated platinum（Ⅱ）complexes: tunable photochromism via metal coordination and rational ligand design［J］. Journal of the American Chemical Society, 2011, 133（32）:12690-12705.

[90] HOU L, ZHANG X Y, PIJPER T C, et al. Reversible photochemical control of singlet oxygen generation using diarylethene photochromic switches［J］. Journal of the American Chemical Society, 2014, 136（3）:910-913.

[91] ZHAO J Z, JI S M, CHEN Y H, et al. Excited state intramolecular proton transfer（ESIPT）: from principal photophysics to the development of new chromophores and applications in fluorescent molecular probes and luminescent materials［J］. Physical Chemistry Chemical Physics, 2012, 14（25）: 8803-8817.

[92] SINGH R B, MAHANTA S, GUCHHAIT N. Photophysical properties of 1-acetoxy-8-hydroxy-1,4,4a,9a-tetrahydroanthraquinone: Evidence for excited state proton transfer reaction［J］. Chemical Physics, 2007, 331（2-3）: 189-199.

[93] WU Y K, PENG X J, FAN J L, et al. Fluorescence sensing of anions based on inhibition of excited-state intramolecular proton transfer［J］. The Journal of Organic Chemistry, 2007, 72（1）:62-70.

[94] XU Y Q, Pang Y. Zinc binding-induced near-IR emission from excited-state intramolecular proton transfer of a bis（benzoxazole）derivative［J］. Chemical Communications, 2010, 46（23）:4070-4072.

[95] LIU B, WANG H, WANGET T S, et al. A new ratiometric ESIPT sensor for detection of palladium species in aqueous solution［J］. Chemical

Communications,2012,48(23):2867−2869.

[96]GOSWAMI S, DAS S, AICH K, et al. A chemodosimeter for the ratiometric detection of hydrazine based on return of ESIPT and its application in live−cell imaging[J]. Organic Letters,2013,15(21):5412−5415.

[97]PARK S, KWON J E, KIM S H, et al. A white−light−emitting molecule: frustrated energy transfer between constituent emitting centers[J]. Journal of the American Chemical Society,2009,131(39):14043−14049.

[98]TANG K C,CHAGN M J,LIN T Y et al. Fine tuning the energetics of excited−state intramolecular proton transfer (ESIPT):white light generation in a single ESIPT system[J]. Journal of the American Chemical Society,2011,133(44): 17738−17745.

[99]SEO J, KIM S, PARK S Y. Strong solvatochromic fluorescence from the intramolecular charge−transfer state created by excited−state intramolecular proton transfer[J]. Journal of the American Chemical Society,2004,126(36): 11154−11155.

[100]ULRICH G,NASTASI F,RETAILLEAU P,et al. Luminescent excited−state intramolecular proton−transfer (ESIPT) dyes based on 4−alkyne−functionalized[2,2'−bipyridine]−3,3'−diol dyes[J]. Chemistry−A European Journal,2008,14(13−14):4381−4392.

[101]IKEGAMI M,ARAI T. Photoinduced intramolecular hydrogen atom transfer in 2−(2−hydroxyphenyl) benzoxazole and 2−(2−hydroxyphenyl) benzothiazole studied by laser flash photolysis[J]. Journal of the Chemical Society,Perkin Transactions 2,2002,2(7):1296−1301.

[102]IIJIMA T, MOMOTAKE A, SHINOHARA Y, et al. Excited−state intramolecular proton transfer of naphthalene−fused 2−(2'−hydroxyaryl) benzazole family[J]. The Journal of Physical Chemistry A,2010,114(4): 1603−1609.

[103]YANG P,ZHAO J Z,WU W H,et al. Accessing the long−lived triplet excited states in bodipy conjugated 2−(2−hydroxyphenyl) benzothiazole/benzoxazoles

and applications as organic triplet photosensitizers for photooxidations [J]. The Journal of Organic Chemistry,2012,77(14):6166-6178.

[104]ZHAO J Z,WU W H,SUN J F,et al. Triplet photosensitizers:from molecular design to applications [J]. Chemical Society Reviews, 2013, 42 (12): 5323-5351.

[105]AWUAH S,YOU Y. Boron dipyrromethene(BODIPY)−based photosensitizers for photodynamic therapy[J]. RSC Advances,2012,2(30):11169-11183.

[106]FAN J L,HU M M,ZHAN P,et al. Energy transfer cassettes based on organic fluorophores: construction and applications in ratiometric sensing [J]. Chemical Society Reviews,2013,42(1):29-43.

[107]LEE M H,HAN J H,LEE J H. Two−Color probe to monitor a wide range of pH values in cells[J]. Angewandte Chemie International Edition, 2013, 52 (24):6206-6209.

[108]KAMKAEW A,LIM S H,LEE H B,et al. BODIPY dyes in photodynamic therapy[J]. Chemical Society Reviews,2013,42(1):77-88.

[109]BELL T D M, BHOSALE S V, FORSYTH C M, et al. Melt − induced fluorescent signature in a simple naphthalenediimide [J]. Chemical Communications,2010,46(27):4881-4883.

[110]YU H B,XIAO Y,GUO H Y,et al. Convenient and efficient FRET platform featuring a rigid biphenyl spacer between rhodamine and BODIPY: transformation of 'Turn−On' sensors into ratiometric ones with dual emission [J]. Chemistry−A European Journal,2011,17(11):3179-3191.

[111]YUAN M J, YIN X D, ZHENG H Y, et al. Light harvesting and efficient energy transfer in dendritic systems: new strategy for functionalized near − infrared BF2−azadipyrromethenes[J]. Chemistry, an Asian Journal,2009,4 (5):707-713.

[112]LIU J Y, HUANG Y S, MENTING R, et al. A boron dipyrromethene − phthalocyanine pentad as an artificial photosynthetic model[J]. Chemical Communications,2013,49(29):2998-3000.

[113]SHAO J Y,SUN H Y,GUO H M,et al. A highly selective red-emitting FRET fluorescent molecular probe derived from BODIPY for the detection of cysteine and homocysteine: an experimental and theoretical study [J]. Chemical Science,2012,3(4):1049-1061.

[114]ZIESSEL R,HARRIMAN A. Artificial light-harvesting antennae: electronic energy transfer by way of molecular funnels[J]. Chemical Communications, 2011,47(2):611-631.

[115]HAL P A,KNOL J,LANGEVELD-VOS B M W,et al. Photoinduced energy and electron transfer in fullerene-oligothiophene-fullerene triads[J]. The Journal of Physical Chemistry A,2000,104(5):5974-5988.

[116]HOFMANN C C,LINDNER S M,RUPPERT M,et al. Mutual interplay of light harvesting and triplet sensitizing in a perylene bisimide antenna-fullerene dyad[J]. The Journal of Physical Chemistry B,2010,114(28):9148-9156.

[117]ADARSH N, SHANMUGASUNDARAM M, AVIRAH R R, et al. Aza - BODIPY derivatives:enhanced quantum yields of triplet excited states and the generation of singlet oxygen and their role as facile sustainable photooxygenation catalysts [J]. Chemistry - A European Journal, 2012, 18 (40):12655-12662.

[118]ZOU Y Q, LU L Q, FU L, et al. Visible-light-induced oxidation/[3 + 2] cycloaddition/oxidative aromatization sequence: A photocatalytic strategy to construct pyrrolo[2,1-a]isoquinolines[J]. Angewandte Chemie International Edition,2011,50(31):7171-7175.

[119]ERBAS-CAKMAK S,AKKAYA E U. Cascading of molecular logic gates for advanced functions: A self - reporting, activatable photosensitizer [J]. Angewandte Chemie International Edition,2013,52(43):11364-11368.

[120]ERBAS-CAKMAK S,ALTAN BOZDEMIR O,YUSUF C. Proof of principle for a molecular 1:2 demultiplexer to function as an autonomously switching theranostic device[J]. Chemical Science,2013,4(2):858-862.

[121]MCDONNELL S O,HALL M J,ALLEN L T,et al. Supramolecular photonic

therapeutic agents[J]. Journal of the American Chemical Society 2005,127 (47):16360-16361.

[122]CHEN X Q,ZHOU Y,PENG X J,et al. Fluorescent and colorimetric probes for detection of thiols [J]. Chemical Society Reviews, 2010, 39 (6): 2120-2135.

[123]BOZDEMIR O A, ERBAS – CAKMAK S, EKIZ O O, et al. Towards unimolecular luminescent solar concentrators:Bodipy-based dendritic energy-transfer cascade with panchromatic absorption and monochromatized emission [J]. Angewandte Chemie International Edition, 2011, 50 (46): 10907-10912.

[124]PENG X J,DU J J,FAN J L,et al. A selective fluorescent sensor for imaging Cd^{2+} in living cells[J]. Journal of the American Chemical Society,2007,129 (6):1500-1501.

[125]ZHANG Q J,ZHU Z C,ZHENG Y L,et al. A three-channel fluorescent probe that distinguishes peroxynitrite from hypochlorite[J]. Journal of the American Chemical Society,2012,134(45):18479-18482.

[126]WU Y Z,ZHU W H. Organic sensitizers from D−π−A to D−A−π−A:effect of the internal electron-withdrawing units on molecular absorption,energy levels and photovoltaic performances[J]. Chemical Society Reviews,2013,42(5): 2039-2058.

[127]MA J,YUAN X L,KUCUKOZ B,et al. Resonance energy transfer-enhanced rhodamine-styryl Bodipy dyad triplet photosensitizers[J]. Journal of Materials Chemistry,C,2014,2(20): 39003913.

[128]MA J,CUI X N,WANG F,et al. Photoswitching of the triplet excited state of diiodobodipy – dithienylethene triads and application in photo – controllable triplet – triplet annihilation upconversion [J]. The Journal of Organic Chemistry, 2014,79(22): 10855-10866.

[129] MA J, ZHAO J, YANG P, et al. New excited state intramolecular proton transfer (ESIPT) dyes based on naphthalimide and observation of long-lived

triplet excited states ［ J ］. Chemical communications，2012，48（78）：97209722.

［130］MA J，LI J H，YANG R，et al. New excited state intramolecular proton transfer dyes based on naphthalenediimides（NDI）and its population of triplet excited state ［J］. Dyes and Pigments，2021，188：109225.